四川 黑竹沟

国家级自然保护区

野生动植物识别手册

中共峨边彝族自治县委宣传部
峨边彝族自治县林业局　　　　编著

U0253705

GUANGXI NORMAL UNIVERSITY PRESS
广西师范大学出版社

四川黑竹沟国家级自然保护区野生动植物识别手册
SICHUAN HEIZHUGOU GUOJIAJI ZIRAN BAOHUQU YESHENG DONGZHIWU SHIBIE SHOUCE

图书在版编目（CIP）数据

　　四川黑竹沟国家级自然保护区野生动植物识别手册 / 中共峨边彝族自治县委宣传部，峨边彝族自治县林业局编著. -- 桂林：广西师范大学出版社，2024. 9. -- ISBN 978-7-5598-7383-5

　　Ⅰ. Q958.527.14-62；Q948.527.14-62

　　中国国家版本馆 CIP 数据核字第 2024GL8236 号

广西师范大学出版社出版发行

（广西桂林市五里店路 9 号　邮政编码：541004）
（网址：http://www.bbtpress.com）

出版人：黄轩庄

全国新华书店经销

广西广大印务有限责任公司印刷

（桂林市临桂区秧塘工业园西城大道北侧广西师范大学出版社集团有限公司创意产业园内　邮政编码：541199）

开本：890 mm × 1 240 mm　　1/32

印张：7.5　　字数：303 千

2024 年 9 月第 1 版　　2024 年 9 月第 1 次印刷

定价：158. 00 元

如发现印装质量问题，影响阅读，请与出版社发行部门联系调换。

谨以人与自然和谐共生，
献礼峨边彝族自治县成立四十周年。

《四川黑竹沟国家级自然保护区野生动植物识别手册》
编委会

主　任　曲别曲一　　曾　艳

副主任　卢志兵　　　王　敏　　　毛夜明

主　编　巫嘉伟　　　曹成全　　　邹立扣　　　牟成香

副主编　杨　林　　　李　蓓　　　杨军惠　　　马晓龙　　　杨　楠

编　委　树甘建夫　　张　尧　　　许志崎　　　马　娟　　　陈译帆　　　韩　震

　　　　　　黄柏尧　　　李　灿　　　黄海澜　　　牟晓辉

摄　影（按姓氏拼音排序）

　　　　　　曹成全　　　曹　宇　　　陈　雪　　　陈雪峰　　　戴　波　　　高路川

　　　　　　黄　科　　　黄耀华　　　李　黎　　　马晓龙　　　巫嘉伟　　　武　刚

　　　　　　杨军惠　　　杨　林　　　杨　楠　　　张　磊　　　赵大红　　　周　龙

　　　　　　朱　晖　　　邹　滔

　　　　　部分红外触发相机拍摄的照片由峨边彝族自治县林业局提供。

前言

四川黑竹沟国家级自然保护区位于四川省乐山市峨边彝族自治县境内，总面积为 29643.0 公顷，其中核心区面积为 16745.9 公顷，缓冲区面积为 3336.7 公顷，实验区面积为 9560.4 公顷，是以大熊猫及其栖息地为主要保护对象的森林和野生动物类型自然保护区。

这里地处青藏高原东南缘，横断山脉中段，恰好位于全球 36 个生物多样性热点地区之一的中国西南山地腹心地带。截至 2024 年，保护区内共计维管植物 156 科 659 属 1684 种，其中蕨类植物 31 科 59 属 134 种、裸子植物 7 科 15 属 39 种、被子植物 118 科 585 属 1511 种。动物资源亦十分丰富，其中脊椎动物共计 30 目 94 科 424 种，包括兽类 8 目 24 科 82 种、鸟类 16 目 54 科 286 种、爬行类 1 目 4 科 23 种、两栖类 2 目 8 科 18 种、鱼类 3 目 4 科 15 种。

野生动植物是生态系统中的重要组成部分，它们的生存状况直接关系生态系统的稳定和健康发展。通过整理研究论文、调查资料、监测影像，并结合实地专项拍摄，我们最终编写并出版本手册。本手册精心选取了我县具有代表性的动植物物种，以精美图片和详细文字展现了物种的形态特征、生活习性、分布范围及保护价值。本手册将为我县野生动植物保护和科普教育工作提供第一手资料，同时可帮助读者进一步认识大自然，感受生物多样性的魅力。

本手册在编写和出版过程中得到了多位专业人士的悉心指导和大力支持，他们的丰富经验为本手册的科学性和权威性提供了有力保障。在此，表示衷心感谢。由于时间仓促，疏漏在所难免，敬请广大读者批评指正！

目 录
CONTENTS

概述

地理概况

　　峨边彝族自治县（以下简称"峨边县"）位于四川省西南部、峨眉山南麓、大凉山北麓、大渡河畔的成（都）昆（明）铁路线上。县城沙坪镇位于东经102°54′~103°33′、北纬28°39′~29°19′，东西宽约56千米，南北长约73千米，面积约为2381.65平方千米，从东北转西北至西南弯曲，呈月牙形。大凉山的两条分支山脉与聚北峰山脉分别蜿蜒于境内东南部、西南部和北部，成为峨边县与邻县的界山。县境内高山矗立、山峦重叠、沟壑交错、谷壁陡峭，海拔3000米以上的高山有10余座，西南边缘黑竹沟镇的马鞍山主峰为最高峰（海拔4288米），东北部五渡镇的大沙坝为最低点（海拔469米）。峨边县地势由西南向东北倾斜，具有多山多水的地形特点，水力、矿藏和森林为其三大资源优势。

　　四川黑竹沟国家级自然保护区（以下简称"保护区"）是以大熊猫及其栖息地为主要保护对象的森林和野生动物类型自然保护区，位于四川省乐山市峨边彝族自治县境内。保护区地理坐标为东经102°54′29″~103°04′07″、北纬28°39′54″~29°08′54″，总面积为29643公顷。保护区西面和南面以凉山彝族自治州（以下简称"凉山州"）与乐山市的界线为边界，北面和东面依次地跨峨边彝族自治县的红旗镇、黑竹沟镇和勒乌乡，西面与甘洛马鞍山自然保护区相连，东南面与美姑大风顶国家级自然保护区毗邻，东面和马边大风顶国家级自然保护区交界，北面与金口河八月林自然保护区相接，与周边的自然保护区共同构成了凉山山系生物多样性网络。保护区位于该网络的中心地带，在维护凉山山系的生物多样性、保障物种基因交流等方面具有不可替代的作用。

　　四川黑竹沟国家森林公园（以下简称"黑竹沟森林公园"）也位于四川省乐山市峨边彝族自治县境内，地跨黑竹沟镇、勒乌乡和金岩乡。总面积为838平方千米，核心景区面积为575平方千米，外围保护地带面积为263平方千米，海拔1500~4288米。黑竹沟森林公园是国内目前较为完整、原始的森林生态系统。

　　黑竹沟森林公园共有3个游览区，分别为黑竹沟探秘揽胜区、金字塔旅游观光区和杜鹃池度假休闲区。探秘揽胜区包含黑竹沟主沟三岔河流域，分为三岔河和石门关2个景区，面积为9129.1公顷，拥有水景、林景、峡谷和神秘的黑竹沟浓雾等景观。

　　经中国森林风景资源评价委员会审议，黑竹沟景区于2000年2月22日被国家林业局（现国家林业和草原局）批准为国家级森林公园。

生态系统多样性

生态系统是指在自然界一定的空间内，生物与环境构成的统一整体。生物与环境在这个统一整体中相互影响、相互制约，并在一定时期内处于相对稳定的动态平衡状态。保护区的生态系统主要有森林生态系统、亚高山草甸－灌丛生态系统和湿地生态系统。

森林为保护区的主要生态系统。由于保护区地形复杂，受人类干扰较少，因此大片原始森林得到了较好的保护。保护区植被的垂直自然带谱如下：海拔 2000 米以下主要为常绿阔叶林，海拔 2000~2400 米主要为常绿与落叶阔叶混交林，海拔2400~2800 米主要为落叶阔叶林或针阔叶混交林，海拔 2800~3500 米主要为亚高山针叶林（以原始林为主），海拔 3500 米以上主要为亚高山灌丛或亚高山草甸，常见种类有杜鹃、香柏、冷箭竹、野青茅、野古草、羊茅、四川嵩草等。亚高山草甸－灌丛生态系统的面积相对较小。

　　保护区多年平均降雨量在 1400 毫米左右，雨量充沛。保护区内有河流数十条，支流数百条，形成了发达的树状水系。此外，保护区内还有多处高山海子，如杜鹃池等。湿地生态系统通常具有特殊的生态功能（如净化水质、涵养水分、调节气候和水文等），同时还是重要的基因库，保存着一些珍稀的动植物。保护区的湿地生物资源主要包括两栖类中的国家二级重点保护野生动物（如大凉螈）和鱼类中的名贵经济鱼类（如齐口裂腹鱼和黄石爬鮡等）。

物种多样性

截至 2024 年，保护区内共有脊椎动物 30 目 94 科 424 种，其中兽类 8 目 24 科 82 种、鸟类 16 目 54 科 286 种、爬行类 1 目 4 科 23 种、两栖类 2 目 8 科 18 种、鱼类 3 目 4 科 15 种。

保护区有国家重点保护野生兽类 21 种。其中，国家一级重点保护野生动物 7 种，分别为大熊猫、林麝、四川羚牛、大灵猫、小灵猫、金猫、豺；国家二级重点保护野生动物 14 种，分别为藏酋猴、猕猴、黑熊、小熊猫、黄喉貂、斑林狸、水獭、水鹿、中华鬣羚、中华斑羚、岩羊、毛冠鹿、赤狐、豹猫。

保护区有国家重点保护野生鸟类 27 种。其中，国家一级重点保护野生动物 4 种，分布为四川山鹧鸪、绿尾虹雉、金雕、黑颈鹤；国家二级重点保护野生动物 23 种，分别为血雉、红腹角雉、白鹇、白腹锦鸡、楔尾绿鸠、灰鹤、黑冠鹃隼、鹰雕、凤头鹰、松雀鹰、雀鹰、黑鸢、普通鵟、领角鸮、红角鸮、雕鸮、灰林鸮、领鸺鹠、斑头鸺鹠、长耳鸮、红隼、大噪鹛、四川旋木雀。

爬行类有国家二级重点保护野生动物 1 种，为横斑锦蛇。

两栖类有国家二级重点保护野生动物 2 种，分别为大凉螈和山溪鲵。

鱼类有国家一级重点保护野生动物 1 种，为川陕哲罗鲑。

保护区昆虫调查共采集昆虫标本 1194 号，拍摄昆虫生态照片 693 张，标本照片 1173 张。经鉴定有 410 种（含 45 个待定种），隶属 13 目 94 科 320 属。其中鳞翅目 27 科 169 属 233 种，占总种数的 56.83%；鞘翅目 25 科 82 属 99 种，占总种数的 24.15%；半翅目 15 科 36 属 43 种，占总种数的 10.49%；其余的蜉蝣目、蜻蜓目、襀翅目、螳螂目、直翅目、革翅目、脉翅目、双翅目、毛翅目和膜翅目的种类较少，各目种数皆小于 10 种。

保护区内数量占优的昆虫种类有黑纹粉蝶、蓝胸圆肩叶甲、东方菜粉蝶、泥红槽缝叩甲、小云斑黛眼蝶、绿豹蛱蝶、田园荫眼蝶、双色舟弄蝶、棕带眼蝶、老豹蛱蝶、蚬蝶凤蛾等。

根据国务院批准公布的《国家重点保护野生动物名录》、国家林业局（现国家林业和草原局）发布的《国家保护的有益的或者有重要经济、科学研究价值的陆生野生动物名录》（即《"三有"野生动物名录》）及《中国生物多样性保护战略与行动计划（2023—2030年）》所包含的重点保护昆虫种类，保护区内的"三有"保护动物包括宽尾凤蝶、三尾凤蝶、箭环蝶和冰清绢蝶，其中冰清绢蝶也是《中国生物多样性保护战略与行动计划（2023—2030年）》中的重点保护物种。

保护区地处四川盆地与云贵高原的过渡带，属横断山脉东缘，背倚四川盆地西南边缘的马鞍山，属小凉山北段。保护区内山峦起伏，地形复杂多样，地势高低悬殊，为亚热带季风性湿润气候，湿度大，云雾多，雨量充沛，年平均降雨量在1400毫米左右。保护区特殊的地质和气候条件孕育了丰富的植物。保护区内维管植物共计156科659属1684种（包括种以下的分类等级），其中蕨类植物31科59属134种、裸子植物7科15属39种、被子植物118科585属1511种。

由于保护区地形复杂多样，气候独特，且受第四纪冰川的袭击和人类干扰较少，故第三纪孑遗植物种属很多。在黑竹沟的植物区系中，第三纪的古老植物众多，连同第三纪以前的孑遗植物和后来的繁衍种系共同构成了如今黑竹沟古老复杂的植物区系。

　　保护区主要为高山峡谷地貌，气候温润潮湿，植被的生长季节较长，植被分布的垂直自然带谱明显。保护区植被可分为四个垂直自然带谱，分别为针叶林带、阔叶林带、灌丛及灌草丛带、草甸带。其中，针叶林带包括寒温性针叶林、温性针叶林、温性针阔叶混交林和暖性针叶林；阔叶林带包括落叶阔叶林、常绿与落叶阔叶混交林、常绿阔叶林、硬叶常绿阔叶林和竹林；灌丛及灌草丛带包括常绿针叶灌丛、常绿革叶灌丛、落叶阔叶灌丛、常绿阔叶灌丛和灌草丛。四个植被带可划分为 51 个群系。海拔 2000 米以下主要为常绿阔叶林，以栲、青冈、扁刺锥、中华木荷、包果柯为主，伴生有樟科、山茶科、五加科、木兰科等植物；海拔 2000~2400 米主要为常绿与落叶阔叶混交林，以石栎、槭树、桦木等为主；海拔 2400~2800 米主要为落叶阔叶林或针阔叶混交林；海拔 2800~3500 米主要为亚高山针叶林，以铁杉林或铁杉和冷云杉混交林、冷杉林为主，多为原始林；海拔 3500 米以上主要为亚高山灌丛或亚高山草甸，灌木常见种类有杜鹃、香柏和冷箭竹，草甸植物以野青茅、野古草、羊茅、四川嵩草等为主。

保护行动

1997年，峨边彝族自治县人民政府批准建立黑竹沟县级自然保护区（峨边府〔1997〕18号）；1997年12月，四川省人民政府批准建为省级自然保护区（川府函〔1997〕405号），隶属峨边彝族自治县环保局；2012年，国务院办公厅发布《关于发布河北青崖寨等28处新建国家级自然保护区名单的通知》（国办发〔2012〕7号），正式批准将保护区建立为国家级自然保护区。

1998年8月，峨边县委、县政府召开全县天然林保护工程会议，会上传达了中央及四川省委、省政府关于9月1日起停止天然林采伐的指示精神，并结合峨边县实际，对天然林停伐工作作出部署，成立天然林保护工程领导小组和天然林保护工作督查组，以确保天然林停伐工作顺利进行，坚决停止天然林采伐。1998年9月，时任省长宋宝瑞到峨边县视察天然林保护实施工作，并在川南林业局（现新川南林业有限公司）613林场参加天然林停伐封锯仪式。

　　2006年6月，四川省人民政府根据全国第三次大熊猫调查资料（保护区大熊猫数量多，是大熊猫凉山山系种群的集中分布区），同意将黑竹沟自然保护区变更为森林和野生动物类型，主要保护对象是大熊猫凉山山系种群等珍稀濒危野生动植物及其森林生态系统，隶属峨边彝族自治县林业局（川府函〔2006〕112号）。2008年，四川大学生命科学学院对保护区内的自然资源进行了全面科学考察，并形成《四川黑竹沟自然保护区综合科学考察报告》；同年，四川省林业勘察设计研究院（现四川省林业勘察设计研究院有限公司）对保护区进行了总体规划，完成了《四川黑竹沟自然保护区总体规划（2008~2015）》。2009年，保护区管理局在世界自然基金会、四川省林业厅野保处（现四川省林业和草原局野保站）的支持下，开展荞麦叶大百合种植试验，取得成功；同年，与四川农业大学合作，开展珍稀两栖动物——大凉螈的生境监测和调查。

　　2011年，保护区管理局在世界自然基金会的支持下，与四川大学、四川农业大学合作开展集体林大熊猫栖息地管理策略研究；同年，在世界自然基金会的支持下，与四川农业大学合作开展PWS（水资源有偿使用服务）项目。2012年，保护区管理局根据《国家林业局关于启动第二次全国重点保护野生植物资源调查有关工作的通知》（林护发〔2012〕87号），开展第二次全国重点保护野生植物资源调查的工作，

掌握了资源本底信息、消长情况和动态变化。为了解保护区内野生兽类资源及其变化，保护区管理局于 2013 年 3 月 ~2018 年 3 月在保护区及周边布设红外相机，共获得大中型兽类独立有效照片 1179 张，鉴定出兽类物种 4 目 12 科 18 种，其中食肉目种类最多（12 种），占 66.67%；国家一级、二级重点保护野生动物分别为 2 种和 6 种。观测期间相对丰富度排名前 5 的物种为黄喉貂、花面狸、豹猫、黄鼬和小熊猫，但每年相对丰富度最高的物种不同。2014 年 11 月，保护区管理局进行防火工程建设，修复太阳坪防火瞭望台，在勒乌保护站建立扑火物资储备库，配齐各种防火设备。2016 年 4~5 月，保护区管理局采用广泛应用于鸡形目鸟类种群密度调查的样线法和样点法，调查了保护区 3 种鸡形鸟类（白腹锦鸡、红腹角雉和血雉）的种群密度。2017 年 5 月 ~2018 年 4 月，保护区管理局采用样线法对峨边县的黑竹沟镇、金岩乡、觉莫、大堡镇、杨河乡和宜坪乡内四川山鹧鸪的栖息地生境选择、种群分布范围、分布密度进行了调查，并对小熊猫的生活习性展开了调查。2017~2020 年，保护区管理局开展了动物多样性调查，该调查工作覆盖了保护区的各类生境、各个季节和重要时段。2018 年，保护区管理局开展了大熊猫重点区域监测项目，同年，还开展了保护区内珍稀植物种群分布、生境调查。

2022 年 6 月中旬，保护区管理局在挖黑罗霍地区开展大熊猫分布重点区域巡护工作时，首次发现并成功拍摄了珍稀植物——球果假沙晶兰，同时段带队前往勒乌乡开展了大凉螈调查工作。2022 年 7 月，保护区的红外相机首次拍摄到国家一级保护野生动物大灵猫。2023 年 3 月，国家一级保护野生动物黑颈鹤首次出现在黑竹沟景区。2024 年 4 月，四川黑竹沟国家级自然保护区 2024 年度红外相机监测项目正式启动，该项目由保护区管理局与西南民族大学合作开展，预计在 611 林场、612 林场、615 林场、616 林场和觉莫 5 个片区安放 80 台红外相机。2024 年，保护区管理局开展了生态环境保护成效自评估。此次自评估采用定量评估与定性评估相结合的方法，从生态环境变化和生态环境状况两方面，对保护对象、自然生态系统、生态系统服务、水环境质量、主要威胁因素、违法违规情况共 6 个评估内容 20 项评估指标（通用指标 9 项，特征指标 11 项）进行了评估。自评估有助于保护区有效实施就地保护工作、不断提升生态环境质量和保护区管理能力。

藏酋猴
Macaca thibetana

脊椎动物（Vertebrata）指有脊椎骨的动物，是脊索动物的一个亚门，其数量最多、结构最复杂，进化地位最高。脊椎动物是由低等的无脊椎动物进化而来的，彼此形态结构悬殊，生活方式千差万别。脊椎动物一般体形左右对称，全身分为头、躯干、尾三个部分，有进化得比较完善的感觉器官、运动器官和高度分化的神经系统，包括兽类、鸟类、爬行类、两栖类、鱼类和圆口类六大类。

脊椎动物

兽类

兽类（Mammalia）是脊椎动物亚门哺乳纲动物的统称，由爬行类进化而来。兽类是被毛、胎生、哺乳的高级脊椎动物，具有高度发达的神经系统和感觉器官，能协调复杂的机能活动。兽类体温高且恒定，可减少其对环境的依赖性；具有异型齿，口腔腺发达；出现了口腔消化，提高了其对食物的利用率；胎生（除个别外），哺乳行为提高了后代的成活率。

生物学家通过研究化石发现，最早的兽类出现在 1.25 亿年前，当时地球上还有恐龙等爬行动物生存。兽类是非常成功的动物，它们能够占据几乎每种陆生生境。人类也是哺乳动物，属于灵长类。

大熊猫
Ailuropoda melanoleuca

食肉目 CARNIVORA　　　　　　大熊猫科 Ailuropodidae

⊛ 保护级别
国家一级重点保护野生动物。

☙ 形态特征
体形肥硕似熊、丰腴富态，头圆尾短。全身具有黑白两色。双耳、眼周及四肢均呈黑色，头部和身体毛色黑白相间，但黑非纯黑，白也不是纯白，而是黑中透褐，白中带黄。腹部呈灰白色或暗棕色。毛粗有光泽，绒毛厚密。

☙ 习性
独栖。主要以竹叶、竹笋及竹茎为食，偶尔兼食一些动物的尸体或其他植物。

☙ 生长环境
发现于612林场、马鞍山和太阳坪海拔2493~2969米处。栖息于落叶阔叶林、针阔叶混交林、亚高山针叶林和山地竹林。

　　四川黑竹沟国家级自然保护区西面与甘洛马鞍山自然保护区相连，东南面与美姑大风顶国家级自然保护区毗邻，北面与金口河八月林自然保护区相接，是大熊猫凉山山系种群的连接纽带，也是该种群的集中分布区。根据全国第三次大熊猫调查数据，保护区范围内有大熊猫 33 只。全国第四次大熊猫调查结果显示，保护区范围内有大熊猫 29 只，数量相比第三次调查有所下降。2020 年，通过微卫星标记技术识别确定保护区范围内有大熊猫 43 只，较第四次调查的数量又有所增加。

　　保护区内的大熊猫主要分布在 612 林场、马鞍山、太阳坪等地，活动区域的海拔为 1054~4288 米，主要活动在海拔 2010~3494 米；生境包括常绿阔叶林、常绿与落叶阔叶混交林、落叶阔叶林、针阔叶混交林和针叶林等，尤其在后两种生境中活动频繁。全国第四次大熊猫调查结果显示，峨边县共有 54 只大熊猫，较第三次大熊猫调查结果的 56 只减少了 3.57%。全县大熊猫栖息地面积为 113057 公顷，约占全省大熊猫栖息地总面积的 5.58%，与第三次调查的 94299 公顷相比增加了 19.89%；潜在栖息地面积为 26785 公顷，与第三次调查的 35585 公顷相比减少了 24.73%。全国第四次大熊猫调查结果显示，保护区的大熊猫栖息地面积为 29359.12 公顷。

2016~2017 年，四川黑竹沟国家级自然保护区管理局委托四川大学生命科学学院开展了大熊猫遗传档案建立专项工作，共收集保护区及邻近区域的大熊猫新鲜粪便样品 322 份，并对大熊猫的 322 份粪便样品进行了 DNA 提取。研究发现，其中 275 份粪便样品中提取的 DNA 能检测到明显的条带，占粪便样品总数的 85.4%。对 322 份粪便样品所提取的 DNA 线粒体 D-loop 区 750bp 片段进行 PCR 扩增，发现有 240 份 DNA 样品的线粒体 D-loop 能够成功扩增并测序，占粪便样品总数的 74.5%，表明此次采集的大熊猫粪便质量较高。其中共有 265 份 DNA 样品成功进行了 9 个微卫星位点 PCR 扩增，通过重复实验确认，对基因分型结果进行矫正，最终将正确的数据汇集建成野生大熊猫微卫星数据库。

专项工作还用 ZFX F/R 和 SRY F/R 两对引物对 43 只大熊猫进行了性别鉴定，结果显示为 24 只雄性大熊猫和 9 只雌性大熊猫，还有 10 只大熊猫个体未能成功鉴定性别，但推测为雌性的可能性较大。如果只计算性别鉴定成功的个体，则保护区大熊猫的雌雄比例严重失调，约为 1:2.67。即使是将未鉴定出性别的个体全部归为雌性大熊猫，雌雄比例也只有 0.79。

由全国第四次大熊猫调查中大熊猫取食竹样方调查结果可得，凉山山系大熊猫栖息地内生长有大熊猫取食竹 5 属 15 种，其中保护区内分布有 3 属 8 种大熊猫取食竹。其中面积最大的竹种是白背玉山竹，面积为 11632.68 公顷，占保护区大熊猫栖息地内大熊猫取食竹总面积的 39.21%；其次为石棉玉山竹，面积为 7638.43 公顷，占保护区大熊猫栖息地内大熊猫取食竹总面积的 25.75%；第三位为冷箭竹，面积为 6130.62 公顷，占保护区大熊猫栖息地内大熊猫取食竹总面积的 20.66%。

大灵猫
Viverra zibetha

📖 食肉目 CARNIVORA   🍃 灵猫科 Viverridae

⊛ 保护级别
国家一级重点保护野生动物。

🐾 形态特征
体形细长，大小与家犬相似；头略尖，耳小，额部较宽阔，吻部稍突。体毛为棕灰色，带有黑褐色斑纹；背中央至尾基有一条黑色纵纹；颈侧和喉部有波状黑领纹；腹毛呈浅灰色。四肢短粗，呈黑褐色；尾长超过体长的一半，尾部具有5~6条黑白相间的色环，末端为黑色。

⟳ 习性
穴居，独栖。主要以老鼠、青蛙、鱼、虾、小鸟和昆虫为食，兼食树叶、根茎和野果等。

🌲 生长环境
发现于612林场和太阳坪海拔2251~2833米处。栖息于常绿阔叶林的林缘灌木丛或稀树草丛。

林麝
Moschus berezovskii

 偶蹄目 ARTIODACTYLA 　　麝科 Moschidae

⊛ 保护级别

国家一级重点保护野生动物。

🐂 形态特征

成体全身毛色为暗褐色，无斑点；臀部毛色近黑色；颈下纹明显；耳背端毛色为褐色。尾短，隐于毛丛中，不外裸露。雌、雄麝都不长角，雄麝具有香囊。

🌀 习性

独栖。主要以多种植物的嫩枝叶、幼芽等为食，喜食苔藓、地衣和松萝。

🌲 生长环境

发现于611林场、612林场和616林场海拔2392~3206米处。栖息于阔叶林、针叶林和针阔叶混交林中。

四川羚牛

Budorcas tibetanus

📖 偶蹄目 ARTIODACTYLA　　　　　🐂 牛科 Bovidae

⊛ 保护级别
国家一级重点保护野生动物。

🐂 形态特征
体大而粗壮，四肢强健，尾短。雌雄均具有由上向后弯转扭曲的角。鼻面部隆起，呈黑色；颈部毛较绒长；全身毛色为灰褐色，背中具有灰黑色脊纹。

🐾 习性
群栖。主要以枝叶、竹叶、青草及籽实等为食。

🌲 生长环境
发现于616林场海拔3310~3330米处，栖息于阔叶林至高山针叶林带，栖息高度随着季节而变化。

藏酋猴
Macaca thibetana

灵长目 PRIMATES   **猴科 Cercopithecidae**

✪ 保护级别
国家二级重点保护野生动物。

☷ 形态特征
猕猴属中最大的一种猴。身体粗壮，尾较短，具有颊囊。颊部有一圈蓬松的浅灰色须毛；体毛长而浓厚，背毛呈棕褐色，胸部呈浅灰色，腹毛呈淡黄色。雄性的脸部皮肤为肉色，眼围为白色；雌性的脸部带有红色，眼围为粉红色。

✿ 习性
群栖。主要以植物性食物为食，兼食昆虫和小鸟。

🌲 生长环境
发现于三叉河、615林场场部以下，栖息于高山峡谷的阔叶林、针阔叶混交林或稀树多岩处。

赤狐

Vulpes vulpes

🖫 食肉目 CARNIVORA　　　　🍃 犬科 Canidae

⊛ **保护级别**

国家二级重点保护野生动物。

👅 **形态特征**

体形细长，四肢短，吻尖长，耳尖直立。尾毛长而蓬松，尾长超过体长的一半；背毛为红棕色或棕黄色，杂有灰白色毛尖；腹毛为灰白色。

🍂 **习性**

单只或成对活动。主要以各种鼠类、野禽、鸟卵、昆虫和无脊椎动物为食，兼食浆果、鼬科动物等，偶尔盗食家禽。

🌲 **生长环境**

发现于612林场海拔2506~2994米处。栖息于深林、灌木及草甸。

黑熊
Ursus thibetanus

食肉目 CARNIVORA 熊科 Ursidae

★ 保护级别
国家二级重点保护野生动物。

♥ 形态特征
身体肥大,头部宽且圆,吻部略短,耳大,眼小。耳被长毛,颈侧毛尤长。尾甚短,四肢粗壮。全身体毛为黑色且略带光泽,面部毛色接近棕黄色,下颏呈白色,胸部有一明显的新月形白斑。

♨ 习性
独居,夜行性。食性杂,主要以植物的幼叶、嫩芽、果实及种子为食,兼食昆虫、鸟卵和小型兽类。

♣ 生长环境
发现于大山沟、罗索依达沟、梁家沟、黑竹沟、611林场、613林场、615林场、616林场。栖息于阔叶林和针阔叶混交林。

小熊猫
Ailurus fulgens

食肉目 CARNIVORA　　　　　　小熊猫科 Ailuridae

⭐ 保护级别
国家二级重点保护野生动物。

🐂 形态特征
体形似熊,头部像猫。全身被毛呈棕红色。脸圆,吻部较短,脸颊有白色斑纹。耳大,直立向前。四肢粗短,为黑褐色。尾长、较粗且蓬松,并有红暗相间的环纹;尾尖毛色为深褐色。

习性
成对或单独活动。主要以竹叶、竹笋和各种野果为食,兼食小鸟及其他小动物。

🌲 生长环境
发现于611林场、612林场、615林场和616林场海拔2401~2994米处。栖息于阔叶林、针叶林、竹林和针阔叶混交林。

　　2017 年 5 月~2018 年 4 月，四川黑竹沟国家级自然保护区管理局和四川农业大学合作，开展了为期一年的实地调查，在样线内选择小熊猫活动频繁的地段利用 GPS 定位，设置生活习性调查监测点（611 林场、612 林场和 615 林场各 1 个），对各监测点的海拔、温度、坡度、坡向、植被类型、伴生动物、水源地距离等生境因子和小熊猫的巢域、核域、活动节律、食性、繁殖行为和社群关系进行监测和调查，初步确定了峨边县小熊猫栖息地利用、繁殖特征、食性特征等生活习性。

　　调查监测结果显示，保护区内小熊猫选择的生境地多集中在海拔 1200~3400 米区域。其中，研究人员在海拔 2300~2900 米发现采食场和粪便的频次较高，表示小熊猫在该海拔区域的活动比较集中；海拔 3400 米以上和海拔 1200 米以下均少见采食场和粪便。季节是影响小熊猫活动海拔的重要因素，小熊猫春季和冬季的活动范围为海拔 1200~2900 米，海拔相对较低；夏季和秋季的活动范围为海拔 2500~3400 米，海拔相对较高。冬季气温较低，食物、水源相对缺乏，因此小熊猫活动海拔较低；夏季气温较高，食物、水源相对丰富，因此小熊猫活动海拔较高。

　　小熊猫对不同坡度的利用存在差异，通常选择相对较平缓的坡度（16°~45°），坡度越大，小熊猫对其的利用率越低，平缓的坡度有利于小熊猫活动、休息及采食，能减少其活动的能量消耗。小熊猫对坡向的利用也存在选择性，对南坡的利用率较高，因为小熊猫喜欢晒太阳，南坡的日照更充足。小熊猫对坡位的利用也存在选择性，约 80% 集中在坡的中上部。上坡通常海拔较高，远离人为干扰，能够为小熊猫提供较好的栖息环境。

小熊猫的生境以落叶阔叶林和针阔叶混交林为主，其乔木郁闭度为 0.3~0.7，灌木盖度为 0.1~0.3；竹类生长良好，高度为 1~3 米，竹径为 1~4 厘米。较大的灌木密度能够为小熊猫提供良好的休息和隐蔽场所，小熊猫也可借助杜鹃等灌木的树枝、树杈作为支撑抬高身体的位置，以获取较高位置的竹叶。此外，灌木的果实还能够作为小熊猫的食物。

适当的树桩、倒木分布能够为小熊猫提供适宜的休息环境。小熊猫偏好选择林窗地段可能与其喜欢温暖和晒太阳的习性有关，林窗还能增加微地形的多样性，特别是昆虫多样性的增加（昆虫也是小熊猫的食物之一），与林内有明显差别。

另外，水是动物生活所必需的物质资源，也是动物最重要的生存条件之一，因而小熊猫喜欢选择距离水源较近的生境，水源是影响小熊猫生境选择的主要生态因子之一。

食性的季节性变化及繁殖产仔等对巢域的大小和位置有显著的影响。小熊猫在 11 月~次年 2 月对巢域的利用率最高，可能由于食物相对缺乏，所以小熊猫采食所利用的巢域就较大。小熊猫在 3~9 月对巢域的利用率较低，在此期间，雌性小熊猫由于发情产仔，食物相对丰富，基本不进行超远迁徙。据研究，雄性小熊猫的巢域面积大于雌性，雌雄之间有巢域重叠；交配季雌雄巢域的重叠较大，为 60%~80%，基本以雌性巢域为主要活动地；非交配季节雌雄巢域重叠率明显减少 20%~30%。

小熊猫的活动高峰分别为 8:00~10:00、12:00~14:00 和 16:00~18:00；在夜间，0:00~2:00 也会有一个小的高峰，表明小熊猫也会夜间活动。总体而言，小熊猫的活动频率从高到低排序为晨昏 > 白昼 > 夜间，表明小熊猫具有晨昏活动的习性。小熊猫的昼夜行为主要以觅食、休息、移动为主，其觅食、移动

行为主要发生于 8:00~13:00 及 16:00~19:00，休息行为主要发生于 19:00~ 次日 7:00 及 13:00~16:00。研究表明，小熊猫的活动节律与能量消耗有关，其通常采取低能耗的活动方式。

　　小熊猫在 2~4 月和 7~9 月的活动率较低，可能是由于 2~4 月雌性小熊猫处于孕期，而 7~9 月食物相对丰富，因此小熊猫的活动率相对较高；10 月至次年 1 月小熊猫的活动率较高，可能是由于此时食物相对短缺，小熊猫需要通过更多的活动来获取食物。研究人员在为期一年的监测中发现，小熊猫无冬眠现象。冬眠反映了动物对环境的适应性，其中影响最大的因素是食物的丰富度。而在小熊猫生活的区域，植物种类繁多，竹类资源丰富，或许这就是小熊猫没有冬眠习性的原因之一。

分析小熊猫的月平均活动节律可以发现，小熊猫在 10 月 ~ 次年 1 月的觅食时间较多，主要原因是在此期间食物相对短缺，小熊猫需要不断觅食以补充能量。在食物相对丰富的 5 月 ~9 月，小熊猫的觅食时间则相对较少，休息时间相对较多。2 月 ~4 月，小熊猫的移动时间较多，可能由于此时正值繁殖季节，小熊猫需要不断移动以寻找配偶。

　　小熊猫属季节性繁殖动物，雌、雄均在 18~20 月龄性成熟。小熊猫的发情期为每年 1 月中旬 ~3 月中旬；妊娠期为 114~145 天；分娩期在 6 月的占 70.2%，7 月的占 20.3%。小熊猫经过平均约 131 天（114~145 天）的孕期后即开始产仔，性比为 1:1.2；每胎产 1~4 仔，多为两仔，平均每胎产仔 1.7 只。

　　小熊猫属食肉目动物，其食性已特化为以植食性为主。通过分析小熊猫不同季节的食物发现，竹子是小熊猫全年最重要的食物，小熊猫每月都不同程度地采食竹子，采食的比例与季节密切相关。其中竹叶和竹笋在小熊猫食物组成中的占比为 76%~98%，特别是在春季与冬季时，小熊猫主要以竹叶和竹笋为食。在果实丰富的夏季和秋季，小熊猫则会大量采食果实。小熊猫采食竹笋与竹叶的比例也存在季节性变化：在竹笋丰富的春季，小熊猫以竹笋为主要食物；而在其他季节，小熊猫以竹叶为主要食物，特别是在食物匮乏的冬季，小熊猫会大量采食竹叶。

　　在小熊猫采食的场所，研究人员发现大叶筇竹、白背玉山竹、冷箭竹、短锥玉山竹、峨热竹均被小熊猫采食。在小熊猫未采食的对照样方中，主要种类为拐棍竹和刺竹子。小熊猫对冷箭竹、白背玉山竹、峨热竹的偏好可能与这类竹子含有较高的总糖、多糖、单糖、蛋白质含量和较低的粗纤维、木质素含量有关；而拐棍竹、刺竹子营养成分较差，因此小熊猫对其较少采食或者不采食。除采食竹子外，研究人员还观察到小熊猫采食猕猴桃、八月瓜、猫儿屎、牛奶子、花楸。

研究人员还观察到了小熊猫的觅食行为。小熊猫采食竹笋时会剥皮食用，基本以新笋为食。小熊猫对所食竹的部位有明显的选择。从采食痕迹可知，小熊猫喜欢1~2年生、高度约为2米的竹的1/2较细（1~1.5厘米）的上部位竹叶。由于小熊猫体型较小，常借助树桩、倒木和树枝来采食竹叶，因此练就了较强的攀爬能力。它会爬上竹，稍弯下竹竿，然后将其压在身体下取食竹叶。研究还发现小熊猫会取食大熊猫剩余的竹叶。小熊猫在进食后常排便于倒木、树桩上，对粪便进行分析可知其对食物的消化率较高，不似大熊猫粪便具有明显的竹叶成分。

关于小熊猫的社群结构，目前学界还存在争议，有专家认为小熊猫属集群生活，也有专家认为小熊猫是独栖动物。在此次调查中，研究人员一共观察到小熊猫实体6次，红外相机拍摄到小熊猫7次。调查及红外相机拍摄的结果显示，小熊猫均单独活动。但是在5月时，研究人员观察到两只小熊猫同时出现在两棵距离约50米的树上；在访谈调查中，也有3名保护区工作人员在不同的季节、不同的地段同时看见5~6只小熊猫在同一区域出现。因此，就保护区而言，关于小熊猫营独栖还是集群生活，还需要更进一步的调查研究。

黄喉貂

Martes flavigula

食肉目 CARNIVORA　　　　鼬科 Mustelidae

⊛ 保护级别

国家二级重点保护野生动物。

▼ 形态特征

躯体较细长，头和尾均呈黑褐色。体背前半部呈棕黄色，后半部呈黄褐色；喉、胸部腹面呈鲜橙黄色，腹毛为灰白色；四肢呈棕褐色。尾长超过体长的一半。

◈ 习性

常单独或数只集群活动。主要以啮齿类动物、鸟、鸟卵、大型昆虫及野果为食，酷爱食蜂蜜，有时也攻击羔羊及鹿科动物幼崽。

♣ 生长环境

发现于612林场海拔2336~2997米处。栖息于山地森林或丘陵地带。

水獭
Lutra lutra

📁食肉目 CARNIVORA　　　　　　　🦡鼬科 Mustelidae

⭐ **保护级别**
国家二级重点保护野生动物。

🐂 **形态特征**
体形细长。四肢短而圆，趾间有蹼。头部扁而略宽。全身毛短且密，具有丝绢光泽。体背和尾部毛色呈棕黑色或咖啡色；喉部、颈下和胸部毛色较淡，略带灰色；腹面毛长，呈浅棕色。

💧 **习性**
常独居。主要以鱼为食，兼食蟹、蛙、蛇、水禽等各种小型动物。

🏔 **生长环境**
半水栖，有时也栖息于竹林、草灌丛。

豹猫
Prionailurus bengalensis

食肉目 CARNIVORA　　　　　　猫科 Felidae

⊛ 保护级别
国家二级重点保护野生动物。

形态特征
猫科动物中体形较小的食肉类动物，体形比家猫略大。通体呈棕黄色或淡棕黄色，体侧有棕黑色或褐色斑点，但并不连成垂直的条纹。两条明显的白色条纹从鼻子延伸至两眼间，有时延伸至头顶。耳大而尖，耳后为黑色，带有白色斑点。两条明显的黑色条纹从眼角内侧一直延伸到耳基部。内侧眼角到鼻部有一条白色条纹。鼻吻部为白色。尾长，有环纹（直至尾尖）。

习性
独栖或雌雄同居。主要以鼠类、蛙类、鸟类等小动物为食，兼食植物果实、嫩草、嫩叶，偶尔盗食家禽。

生长环境
发现于611林场、614林场、615林场周围的公路，以及从611林场到马鞍山的沿途小道上。栖息于山地林区、林缘灌丛和村寨附近。

毛冠鹿
Elaphodus cephalophus

📖 偶蹄目 ARTIODACTYLA　　　　🍃 鹿科 Cervidae

⭐ **保护级别**
国家二级重点保护野生动物。

🐂 **形态特征**
外形似鹿。雄性有角，但角很短小，角冠不分叉。上犬齿长且大，稍向下弯，露出唇外。体毛为青灰色，尾背面呈黑色，腹面呈白色，额顶部有马蹄形的黑色冠毛。

🐾 **习性**
独栖。主要以植物叶、芽和嫩枝为食，有时也盗食农作物。

🌲 **生长环境**
发现于双流园。栖息于海拔1000米以上的阔叶林、针叶林、针阔叶混交林、林下灌丛和竹灌丛等。

水鹿
Cervus equinus

偶蹄目 ARTIODACTYLA   鹿科 Cervidae

⭐ 保护级别

国家二级重点保护野生动物。

🐂 形态特征

体形粗壮高大。雄鹿具有粗长的三叉角，眉枝与主干多成锐角。颈部沿背中线直达尾部的深棕色纵纹是水鹿的显著特征之一。体毛较粗硬，为黑棕色或栗棕色，尾部末端毛长而蓬松。

🌱 习性

群居。主要以青草、树叶、嫩枝为食。

🌲 生长环境

栖息于山区阔叶林、针叶林和针阔叶混交林带。

岩羊
Pseudois nayaur

偶蹄目 ARTIODACTYLA　　　　　　　牛科 Bovidae

⊛ **保护级别**
国家二级重点保护野生动物。

♥ **形态特征**
体形中等。两性均有角，其中雄羊角粗大且长，并向后上方弯曲。体背呈青灰褐色或褐黄灰色，体腹和四肢内侧呈白色，一般四肢前面及腹侧具有黑色纹。

◈ **习性**
群居。主要以高山矮草和各种灌木、枝叶为食。

🌲 **生长环境**
发现于瓦基河和马鞍山海拔2240米处。栖息于高山、高原和山谷间的草地。

中华斑羚
Naemorhedus griseus

 偶蹄目 ARTIODACTYLA　　　　牛科 Bovidae

⭐ **保护级别**

国家二级重点保护野生动物。

🐂 **形态特征**

体形较小，四肢匀称，尾短，尾毛蓬松。雌雄均具有短且向后上方倾斜的角，角尖尖且细。喉部具有白斑，全身为一致的灰褐色或暗褐色，颈背至尾基有一条棕褐色脊纹。

🌱 **习性**

结小群活动。主要以嫩枝、树叶、野果和各种青草为食。

🔥 **生长环境**

发现于615林场和616林场海拔2276~2950米处。栖息于山地针叶林、针阔叶混交林、常绿阔叶林、河岸及高山密林中的多岩区。

甘肃鼹
Scapanulus oweni

✿ 形态特征
外形粗短，体形很小。耳壳缺失。前足扁而宽大，适应挖掘活动。尾稍短，尾长为后足长的两倍，呈棒球棒状，前部细，后部粗圆，尾上有长而细的尾毛。吻较短，颧弓纤细。周身毛色呈黑灰色或棕黄灰色，具有金属光泽。

◈ 习性
营地下生活。主要以昆虫为食。

🌲 生长环境
栖息于林缘灌丛中。

黄腹鼬
Mustela kathiah

食肉目 CARNIVORA　　　　鼬科 Mustelidae

形态特征

体形较小，身体细长，四肢较短，吻短，颈部较长，尾长超过体长。背部和腹部的毛色差异显著，体背毛色为深褐色，体腹毛色呈金黄色或沙黄色。

习性

穴居，单独或成对活动。主要以鼠类为食，兼食鱼、蛙、昆虫，偶尔食浆果。

生长环境

栖息于山地森林、草丛、丘陵、农田及村庄附近。

猪獾

Arctonyx collaris

| 🗐 食肉目 CARNIVORA | 🍃 鼬科 Mustelidae |

☙ 形态特征

体形粗壮，头大颈粗，耳小眼小；吻鼻部裸露突出，似猪拱嘴，鼻垫与上唇之间裸露无毛；四肢粗健有力，掌垫裸出，趾垫5个。体毛呈黑褐色，间杂灰白色针毛；从前额到额顶中央有一条短宽的白色条纹，并向后延伸至颈背；两颊在眼下各具有一条白色条纹；下颌及喉部呈白色，向后延伸至肩部。

⊛ 习性

穴居，常单独活动。主要以蚯蚓、青蛙、蜥蜴等动物为食，兼食玉米、小麦、花生等农作物。

🌲 生长环境

发现于611林场海拔2251~2997米处。栖息于山地阔叶林、林缘、灌丛、荒野等处。

野猪
Sus scrofa

 偶蹄目 ARTIODACTYLA　　　猪科 Suidae

形态特征
体貌似家猪，但吻鼻部较家猪更细、更长，面部狭长而斜直。雄猪犬齿发达，呈巨牙状，称为"獠牙"。尾短小，四肢短健。体背部呈黑褐色或者赭黄色，腹部呈黄白色。

习性
群栖。杂食性，主要以嫩叶、坚果、浆果、草叶和草根为食，兼食部分动物性食物。

生长环境
发现于梁家沟、茨竹河、大山沟、五月沟、611林场、613林场、614林场、615林场、616林场、617林场等地海拔1520~3650米处。栖息于常绿阔叶林、针阔叶混交林等多种林型的稀树杂草丛、灌木丛和山溪草丛。

滇攀鼠
Vernaya fulva

| 啮齿目 RODENTIA | 鼠科 Muridae |

形态特征
体长约75毫米。体毛柔软，背毛呈棕褐色，腹毛呈白色。耳为棕褐色。足呈棕色，前后足第5趾具有爪。尾长超过体长，尾毛短。

习性
主要以植物叶、果和种子为食，兼食鸟卵和小鸟，也食少量昆虫。

生长环境
发现于611林场海拔2800米处。栖息于亚热带森林。

纹喉凤鹛
Yuhina gularis

鸟类

鸟类（Aves）是脊椎动物亚门的一纲。鸟类的身体呈流线型；皮肤薄而有韧性；体表覆有羽毛，一般前肢会变成翼，有的种类翼则退化；胸肌发达；直肠短；心脏有两心房和两心室；体温恒定。鸟类分布于世界各地，大多数在白天活动，少数在黄昏或者夜间活动。鸟类的食物多种多样，包括花蜜、种子、昆虫、鱼、腐肉等。多数鸟类的婚配制度是一雄多雌制，少数鸟类是一雌多雄制。

四川山鹧鸪
Arborophila rufipectus

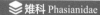
🖥 **鸡形目** GALLIFORMES　　　　🍂 **雉科** Phasianidae

⭐ **保护级别**

国家一级重点保护野生动物。

🐂 **形态特征**

小型鸡类。雄鸟前额呈白色，头顶呈栗棕色。眉纹和两颊呈黑色，耳羽呈栗色。上体以暗绿色为主，具有较宽的黑色横斑和不规则的细纹。喉为白色，上喉具有黑色纵纹。上胸和两肋为灰色，具有栗色斑点，其中胸部的栗色斑点连成一大块栗色的胸带。下胸和腹部为白色。尾羽为茶绿色，具有4~5道黑色横斑。尾极短且整个体形显得浑圆敦实，因而又名"砣砣鸡"。虹膜呈灰褐色，喙呈黑色，脚呈红褐色。

🌀 **习性**

留鸟，单个或成对活动。主要以小虫和植物种子为食。

🌿 **生长环境**

分布于茨竹河流域和黑竹沟中下部的阔叶林区。栖息于海拔1227~2354米的中低山阔叶林和竹丛。

　　2017 年 5 月 ~2018 年 4 月，四川黑竹沟国家级自然保护区管理局和四川农业大学组成项目组，采用样线法对峨边县的黑竹沟镇、金岩乡、觉莫、大堡镇、杨河乡和宜坪乡内四川山鹧鸪的栖息地生境选择、种群分布范围、分布密度进行了调查。此次调查共布设样线 15 条，分别为宜坪乡 1 条、杨村乡 1 条、大堡镇 2 条、金岩乡 2 条、黑竹沟镇 3 条、觉莫 6 条，样线总长度为 24.69 千米，其中最长样线为 2.34 千米，最短样线为 0.61 千米。调查时间为 4~6 月、10~12 月的 5:00~7:00 和 16:00~19:00。调查方式为在样线上匀速行走，通过肉眼或望远镜观察，当发现四川山鹧鸪实体、粪便、食迹和活动痕迹时，使用相机或手机进行拍照或录像，当听到叫声时，对其进行录音，以此来记录四川山鹧鸪的相关信息。

　　调查结果显示，四川山鹧鸪在峨边县境内的垂直分布范围为海拔 700~1950 米，垂直分布高差为 1250 米；偏爱在坡度为 15°~25°、郁闭度约为 0.7、栖息地竹盖度约为 0.5、灌木盖度约为 0.4、草本盖度约为 0.4、地表凋落物覆盖度为 0.2 的常绿与落叶阔叶混交林的南坡活动。本次调查在 1 条样线观察到实体 1 次，在 5 条样线听到叫声（4~5 月鸣叫频度最高）。峨边县的四川山鹧鸪主要分布于觉莫，觉莫周边乡镇（大堡镇、杨河乡）也有零星分布，其余乡镇均无分布。觉莫的四川山鹧鸪相对分布密度为每公顷 0.3573 只，大堡镇和杨村乡的四川山鹧鸪相对分布密度均为每公顷 0.1270 只。

　　总体而言，峨边县四川山鹧鸪的分布较为集中，属局限性分布，仅局限于较小的特定区域（觉莫），在区域内又表现为不连续的分布，多个种群之间基本上是隔离的。

白腹锦鸡
Chrysolophus amherstiae

鸡形目 GALLIFORMES　　　　雉科 Phasianidae

★ 保护级别
国家二级重点保护野生动物。

♥ 形态特征
中型鸡类。雄鸟头部呈蓝黑色，头后有一块红斑；眼周呈淡蓝色；后颈部有一片蓬松的黑白相间的羽毛；胸部、背部呈绿色，有金属光泽；两翅呈蓝色，翅缘呈白色；背部后方由黄色逐渐转为红色；腹部呈白色；尾极长，黑白相间。雌鸟较小，周身呈黄褐色且具有黑斑，头后也有近白色带有黑边的羽毛，但不似雄鸟明显。虹膜呈黄色，喙呈蓝灰色，脚呈青灰色。

⚘ 习性
留鸟。主要以蕨类、叶芽、浆果和核果等植物性食物为食，兼食部分昆虫。调查估算得出保护区内白腹锦鸡的相对分布密度约为每平方千米7只。

♣ 生长环境
发现于白熊沟、绝壁沟、黑竹沟、罗索依达沟、杉木沟、双河口、巴溪沟及勒乌乡附近海拔1640~2310米处。栖息于针阔叶混交林、灌丛和竹林。

血雉
Ithaginis cruentus

鸡形目 GALLIFORMES　　　雉科 Phasianidae

★ 保护级别
国家二级重点保护野生动物。

❦ 形态特征
中型鸡类。头顶具有明显的羽冠，雄鸟体羽为乌灰色，蓬松细长，呈披针形。次级飞羽及尾羽具有砖红色的羽缘，下体沾绿色。雌鸟通体呈暗褐色。虹膜呈褐色，喙呈黑色，脚呈橙红色。

❧ 习性
留鸟，性喜成群。主要以植食性食物为食，如苔藓类、莎草科等植物的叶片及种子，兼食昆虫。调查估算得出保护区内血雉的相对分布密度约为每平方千米9只。

♣ 生长环境
发现于马鞍山、椅子垭口等地海拔2800~3700米处。栖息于亚高山暗针叶林至高山杜鹃灌丛（羊角林）。

红腹角雉
Tragopan temminckii

鸡形目 GALLIFORMES　　　　雉科 Phasianidae

⊛ **保护级别**

国家二级重点保护野生动物。

♥ **形态特征**

中型鸡类。雄鸟通体呈绯红色，脸部裸露皮肤呈蓝色，上体满布具有黑缘的灰色眼状斑，下体具有大块的浅灰色鳞状斑。虹膜呈褐色，喙呈黑褐色，脚呈粉红色。

⚘ **习性**

留鸟。主要以蕨类、草本及木本植物的叶芽、根茎、花、果实及种子为食，兼食昆虫及小动物。调查估算得出保护区内红腹角雉的相对分布密度约为每平方千米5只。

🌲 **生长环境**

发现于茨竹河、双河口海拔1620米处。栖息于海拔1600~3400米的阔叶林至高山针叶林。

白鹇
Lophura nycthemera

鸡形目 GALLIFORMES　　　　　雉科 Phasianidae

⊛ 保护级别
国家二级重点保护野生动物。

♥ 形态特征
中大型鸡类。雄鸟头部羽冠和下体呈蓝黑色；面部裸露皮肤呈鲜红色；上体和双翅为白色，自后颈或上背开始密布近似"∨"字形的黑色斑纹。头顶具有黑色长羽冠；尾较长，呈白色。虹膜呈橙黄色或红褐色，喙呈黄色，脚呈红色。

◈ 习性
留鸟，结小群活动。地面取食，主要以植物的根、叶、芽、种子和昆虫为食。

♨ 生长环境
发现于611林场、615林场、616林场和觉莫海拔1053~2456米处。栖息于较开阔的次生阔叶林。

雀鹰
Accipiter nisus

鹰形目 ACCIPITRIFORMES　　　鹰科 Accipitridae

⊛ 保护级别

国家二级重点保护野生动物。

🐂 形态特征

小型猛禽。雄鸟上体呈褐灰色，白色的下体多有棕色横斑，尾部有横带。脸颊呈棕色为雄鸟的识别特征。雌鸟上体呈褐色，下体呈白色，胸、腹部及腿具有灰褐色横斑，无喉中线，脸颊的棕色较少。雌鸟与雄鸟体形相似，但雌鸟稍大。虹膜呈橙黄色，喙呈铅灰色，脚呈黄色。

◔ 习性

夏候鸟，常单独活动。主要以昆虫和小鸟为食。

🌿 生长环境

发现于612林场和615林场海拔1692~2494米处。栖息于阔叶林、针阔叶混交林带。

凤头鹰
Accipiter trivirgatus

⭐ 保护级别
国家二级重点保护野生动物。

🦅 形态特征
中型猛禽。成年雄鸟上体呈灰褐色；两翼及尾具有横斑。下体呈棕色；胸部具有白色纵纹；腹部及大腿呈白色且具有近黑色粗横斑。颈呈白色，有近黑色纵纹至喉，有两道黑色髭纹。虹膜呈金黄色，喙呈褐色，脚呈淡黄色。

💧 习性
留鸟，多单独活动。主要以蛙、蜥蜴、小鸟、鼠类、昆虫等动物为食。

🌿 生长环境
发现于611林场海拔2413米处。栖息于山地森林、林缘和竹林地带。

松雀鹰
Accipiter virgatus

🗐 鹰形目 ACCIPITRIFORMES　　　　　　🥬 鹰科 Accipitridae

⭐ **保护级别**

国家二级重点保护野生动物。

🐂 **形态特征**

体形中等。雄鸟上体呈黑灰色，喉部呈白色，喉中央有一条细窄的黑色中央纹，其余下体呈白色或灰白色。雌鸟个体较大，上体呈暗褐色，下体呈白色且有暗褐色或赤棕褐色横斑。虹膜呈黄色，喙呈铅灰色，脚呈黄色。

🌱 **习性**

夏候鸟，单独或成对活动。主要以鼠类、小型鸟类、蜥蜴、昆虫等动物为食。

🌲 **生长环境**

发现于611林场海拔2200米和616林场海拔1928米处。栖息于山地针阔叶混交林或稀疏林间的灌木丛中。

普通鵟
Buteo japonicus

⊛ 保护级别
国家二级重点保护野生动物。

🐾 形态特征
中型猛禽。体长50厘米左右，羽色变化较大。常见上体呈红褐色，下体呈暗褐色。飞行时两翼宽而圆，初级飞羽基部具有特征性白色块斑。尾近端处常有黑色横纹。虹膜呈黄色，喙呈铅灰色，脚呈黄色。

◈ 习性
冬候鸟，多单独活动。主要以啮齿类、小鸟和大型昆虫为食。

🌲 生长环境
发现于615林场海拔1895~1902米处。栖息于开阔地附近的稀疏森林中。

黑鸢
Milvus migrans

🔖鹰形目 ACCIPITRIFORMES 鹰科 Accipitridae

⊛ 保护级别

国家二级重点保护野生动物。

✴ 形态特征

中型猛禽。尾呈浅叉状是本种的识别特征，飞行时尾张开可成平尾。飞行时初级飞羽基部的浅色斑与近黑色的翼尖形成对照。身体呈暗褐色。虹膜呈棕色，喙呈灰色，脚呈黄色。

🌿 习性

留鸟，常单独活动。主要以小鸟、鼠类、蛇、蛙、鱼、野兔、蜥蜴和昆虫等动物为食，兼食家禽和腐尸。

🌲 生长环境

栖息于开阔平原、草地、荒原和低山丘陵地带。

鹰雕
Nisaetus nipalensis

📖 鹰形目 ACCIPITRIFORMES　　　　🍃 鹰科 Accipitridae

⭐ **保护级别**
国家二级重点保护野生动物。

🐾 **形态特征**
大型猛禽。体长64~80厘米。头后有长的黑色羽冠；上体呈褐色；缀有紫铜色；喉部和胸部为白色；腹部有淡褐色和白色交错排列的横斑。虹膜呈黄色，喙呈黑色，脚呈黄色。

💧 **习性**
留鸟，常单独活动。主要以野兔、野鸡和鼠类为食，兼食小鸟和大型昆虫。

🌲 **生长环境**
发现于616林场和马里冷旧。栖息于山地森林地带，常在阔叶林和针阔叶混交林中活动。

红隼

Falco tinnunculus

隼形目 FALCONIFORMES　　　隼科 Falconidae

⭐ 保护级别

国家二级重点保护野生动物。

🐂 形态特征

小型猛禽。雄鸟头顶至后颈呈灰色；颊和喉呈棕白色；胸部和腹部呈淡棕黄色，具有黑色纵纹和点斑；背羽和翅上覆羽呈砖红色，具有黑色粗斑；尾羽呈青灰色，具有宽阔的黑色次端斑及棕白色端缘。雌鸟上体呈褐色，头顶满布黑色纵纹。虹膜呈黑褐色，喙呈蓝灰色，脚呈黄色。

习性

留鸟，单独活动。主要以昆虫为食，兼食小鸟和鼠类。

生长环境

发现于616林场海拔1209米处。栖息于阔叶林、针叶林、针阔叶混交林、低山丘陵和农田等各类生境中。

黑颈鹤
Grus nigricollis

鹤形目 GRUIFORMES　　　　　　鹤科 Gruidae

✴ 保护级别
国家一级重点保护野生动物。

⬦ 形态特征
在鹤类中属中等体形，有着喙长、颈长、腿长和身高等特征。头、枕和整个颈部均为黑色，仅眼周有一小型白斑；眼先和头顶裸露的皮肤均为红色，其上被有稀疏黑色短羽；飞羽和尾羽为黑色，余部体羽为灰白色，间杂少量棕褐色羽毛。雌雄羽色相似。虹膜呈黄褐色，喙呈肉红色，尖端沾黄色；脚呈灰褐色。

◈ 习性
主要以植物的叶、根茎、块茎和水藻、玉米等为食，兼食昆虫、蛙、小鱼等动物。

🌲 生长环境
栖息沼泽地、湖泊及河滩等湿地环境。

灰鹤
Grus grus

 鹤形目 GRUIFORMES　　　　　鹤科 Gruidae

⊛ 保护级别
国家二级重点保护野生动物。

❤ 形态特征
别名玄鹤。大型涉禽，全长约110厘米。体羽呈灰色；头顶呈朱红色，被有稀疏的黑色短羽。两颊至颈侧呈灰白色，喉及前、后颈呈灰黑色。虹膜呈红褐色或深红色；喙呈青灰色，先端呈乳黄色；脚呈灰黑色。

❀ 习性
旅鸟，多集群活动。主要以水草、嫩芽、野草种子、谷物、昆虫及水生动物为食。

⚘ 生长环境
发现于611林场海拔2308米处。栖息于近水平原、草原、丘陵等地。

楔尾绿鸠
Treron sphenurus

鸽形目 COLUMBIFORMES　　　　鸠鸽科 Columbidae

⊛ 保护级别
国家二级重点保护野生动物。

♥ 形态特征
中型鸟类。雄鸟头呈绿色，头顶和胸部呈橙黄色，上背呈紫灰色；翼覆羽呈紫栗色，其余翼羽及尾呈深绿色，大覆羽及飞羽羽缘呈黄色；臀呈淡黄色且具有深色纵纹；两胁边缘呈黄色；尾下覆羽呈棕黄色。雌鸟通体呈绿色，尾下覆羽及臀呈浅黄色且具有大块深色斑。虹膜呈浅蓝色或红色；喙呈蓝灰色，基部较绿；脚呈紫红色。

⊕ 习性
夏候鸟，常成对或成群活动。主要以植物的果实和种子为食。

♣ 生长环境
发现于茨竹河及官料河沟谷地带。栖息常绿阔叶至针阔叶混交林带。

长耳鸮
Asio otus

 鸮形目 STRIGIFORMES　　　鸱鸮科 Strigidae

⭐ **保护级别**

国家二级重点保护野生
动物。

🐂 **形态特征**

中型猛禽，全长38厘米
左右。头顶两侧各有一
簇黑色杂以淡黄色斑纹
的长羽，竖立呈耳状；
面盘完整，呈棕黄色，
边缘为褐色和白色。上
体呈黄褐色，且有密集
的褐色和白色斑点；下
体呈棕黄色，杂有黑褐
色纵斑和横斑。虹膜呈
橙红色；喙呈铅褐色，
先端呈黑色；脚呈黑
色。

🌿 **习性**

旅鸟。主要以小型啮齿
类、昆虫和小鸟为食。

🏔 **生长环境**

栖息于低山地带、平原
森林中。

领鸺鹠
Glaucidium brodiei

📖 鸮形目 STRIGIFORMES　　　🔻 鸱鸮科 Strigidae

⭐ 保护级别
国家二级重点保护野生动物。

🐂 形态特征
小型鸮类。面盘不显著，没有耳羽簇。上体为灰褐色且具有浅橙黄色的横斑，后颈有显著的浅黄色领斑。下体近白色，胸部、腹部两侧均有暗褐色或棕红色纵纹。虹膜呈黄色，喙呈黄绿色，脚呈灰色。

🐦 习性
留鸟，常单独活动。主要以昆虫和鼠类为食。

🌲 生长环境
栖息于阔叶林、针阔叶混交林带。

斑头鸺鹠
Glaucidium cuculoides

鸮形目 STRIGIFORMES　　　鸱鸮科 Strigidae

★ 保护级别
国家二级重点保护野生动物。

♥ 形态特征
无耳羽簇。上体呈棕栗色且具有赭色横斑，沿肩部有一道白色线条将上体颜色断开。下体为褐色，也具有赭色横斑；臀部呈白色，两胁呈栗色。白色的颏纹明显。尾羽上有6道鲜明的白色横纹，端部有白缘。虹膜为黄褐色，喙偏绿色且端部为黄色，脚绿黄色。

◈ 习性
留鸟，单独或成对活动。主要以鼠类、小鸟和昆虫为食，兼食鱼、蛙、蛇等。

♣ 生长环境
发现于612林场海拔2197米处。栖息于丘陵、平原林地。

领角鸮
Otus lettia

鸮形目 STRIGIFORMES　　**鸱鸮科** Strigidae

⊛ 保护级别

国家二级重点保护野生动物。

♉ 形态特征

小型鸮类。额和面盘近白色，缀以黑褐色细纹和点斑，后颈具有淡黄色领斑。上体偏灰或呈沙褐色，多有黑色及淡黄色的杂纹或斑块；下体淡黄色且具有黑色条纹。尾下覆羽呈白色。虹膜呈深褐色，喙呈黄色，脚呈灰黄色。

⊕ 习性

夏候鸟，常单独活动。主要以鼠类和昆虫为食。

🌲 生长环境

栖息于山地次生林林缘。

红角鸮
Otus sunia

鸮形目 STRIGIFORMES 鸱鸮科 Strigidae

⭐ 保护级别
国家二级重点保护野生动物。

🐮 形态特征
小型鸮类。面盘呈沙黄色，杂以白色和黑色斑纹；眉纹呈白色；颏呈白色；喉部呈棕黄色，后枕两侧有耳羽簇，竖起时十分明显。上体呈棕黄色或褐色，满布狭细的暗褐色虫蠹状斑纹，胸部呈棕黄色。下体呈白色，具有明显的黑色纵纹及不明显的暗褐色斑纹和白色块斑。虹膜呈黄色，喙呈黑灰色，脚偏灰色。

🍃 习性
夏候鸟，常单独活动。主要以昆虫、鼠类、小鸟为食。

🌲 生长环境
栖息于靠近水源的河谷阔叶林中。

灰林鸮
Strix aluco

鸮形目 STRIGIFORMES   鸱鸮科 Strigidae

⊛ 保护级别
国家二级重点保护野生
动物。

♥ 形态特征
中型鸮类。头大而圆,
没有耳羽簇。面盘呈黑
褐色;上体呈黑褐色且
具有棕黄色横斑和点
斑;尾羽呈暗褐色,具
有棕色横斑和灰白色端
斑;下体呈淡黄色,具
有交叉的黑褐色横斑和
端斑。虹膜呈暗褐色,
喙呈黄色,脚呈黄色。

⊙ 习性
夏候鸟,常成对或单独
活动。主要以啮齿类动
物为食,兼食小鸟、
蛙、小型兽类和昆虫。

♣ 生长环境
发现于黑竹沟和611林
场。栖息于落叶阔叶林
和针阔叶混交林。

大噪鹛
Garrulax maximus

雀形目 PASSERIFORMES   噪鹛科 Leiothrichidae

⭐ **保护级别**

国家二级重点保护野生动物。

🐮 **形态特征**

中型鸟类。额至头顶呈黑褐色；眼先近白色；颊后部、耳覆羽和颈侧呈栗色。其余上体呈栗褐色，每枚羽毛的端部都有一个近似圆形的白色斑点。颏、上胸呈棕褐色或栗褐色；喉呈棕色；其余下体呈纯棕褐色。虹膜呈黄色，喙呈黑褐色，脚呈粉红色。

🍃 **习性**

留鸟，常成群活动。主要以多种昆虫为食，兼食植物果实和种子。

🌲 **生长环境**

栖息于亚高山针叶林林缘和高山灌丛带。

四川旋木雀
Certhia tianquanensis

雀形目 PASSERIFORMES　　　　旋木雀科 Certhiidae

★ 保护级别
国家二级重点保护野生
动物。

形态特征
体形较小，体羽与旋木
雀类似，但四川旋木雀
的喙更短，仅略微下
弯。颏和喉呈白色。胸
腹部和两肋呈灰色，不
同于旋木雀的白色。虹
膜呈黑褐色，上喙呈黑
色，下喙基部呈粉白
色，脚呈黄褐色。

习性
留鸟，常单独活动。主
要以昆虫和虫卵为食。

生长环境
发现于611林场和612
林场海拔2327~3630
米处。栖息于中高海拔
山地的针叶林和针阔叶
混交林。

珠颈斑鸠
Spilopelia chinensis

📖 鸽形目 COLUMBIFORMES　　　　🍂 鸠鸽科 Columbidae

🦃 形态特征

颈部密布白色点斑，像许多"珍珠"散落在颈部，因此得名"珠颈斑鸠"。前额至头顶羽色稍淡，为灰色或粉灰色。颈侧及后颈羽毛基部呈黑色，顶端呈白色，形成清晰且密集的白色珍珠状羽斑。上体大多呈褐色或粉褐色，两翼飞羽呈黑褐色。尾较长，中央尾羽呈褐色，外侧尾羽呈黑褐色，末端呈白色，飞翔时明显可见。下体呈粉红色，仅尾羽下覆羽为灰色。雌鸟和雄鸟的羽色相似，但雌鸟不如雄鸟的羽色亮泽。虹膜呈橙色，喙呈黑色，脚呈红色。

🐾 习性

留鸟，常成小群活动。主要以植物性食物为食，喜食禾本科、豆科、十字花科等植物的种子，兼食少量动物性食物。

🌲 生长环境

栖息于有稀疏树木生长的平原、草地、低山丘陵和农田地带。

大杜鹃
Cuculus canorus

📖 鹃形目 CUCULIFORMES   📚 杜鹃科 Cuculidae

☘ 形态特征
因繁殖期常昼夜反复发出"布谷"的鸣叫声，又名"布谷鸟"。体形中等。额呈浅灰褐色；头顶、枕至后颈呈暗银灰色；背呈暗灰色；腰及尾上覆羽呈蓝灰色；下胸、腹及肋为白色，并杂以黑褐色细窄横斑。尾呈黑色，有模糊横纹而无次端斑，中央尾羽具有左右成对的白点。虹膜呈黄色，喙上部呈黑色而下部呈黄色，脚呈黄色。

◈ 习性
夏候鸟，常单独活动。主要以松毛虫、舞毒蛾、松栎枯叶蛾及其他鳞翅目幼虫为食。

🌲 生长环境
发现于611林场、616林场海拔1217~2948米处。栖息于山地、丘陵和平原地带的森林中。

大拟啄木鸟
Psilopogon virens

啄木鸟目 PICIFORMES　　　拟啄木鸟科 Megalaimidae

形态特征
体形中等。整个头、颈和喉呈暗蓝色或紫蓝色；上胸呈暗褐色；下胸和腹部呈淡黄色，并具有宽阔的绿色或蓝绿色纵纹；尾下覆羽呈红色。上背和肩呈暗绿褐色，其余上体呈草绿色。虹膜呈褐色，喙呈淡黄色，脚呈灰色。

习性
夏候鸟，常单独或成对活动。主要以马桑、五加科植物及其他植物的花、果实和种子为食，兼食各种昆虫。

生长环境
发现于616林场海拔1618~1862米处。栖息于低、中山常绿阔叶林，也见于针阔叶混交林。

赤胸啄木鸟

Dryobates cathpharius

🦃 形态特征

小型鸟类。上体呈黑色，并具有大块白色翅斑；雄鸟头顶后部和枕呈红色，而雌鸟则呈黑色；额、脸、喉和颈侧呈棕白色；颚纹为黑色，沿喉侧向下与黑色的胸侧相连；胸中部和尾下覆羽呈红色，其余下体呈暗黄色并具有黑色纵纹。虹膜呈褐色，喙呈淡铅色，脚呈暗铅色。

🌱 习性

留鸟，常单独活动。主要以各种昆虫为食。

🌲 生长环境

发现于611林场、612林场、615林场和616林场海拔1816~2439米处。栖息于山地阔叶林和针阔叶混交林。

星鸦
Nucifraga caryocatactes

 雀形目 PASSERIFORMES　　　🔖鸦科 Corvidae

🐂 形态特征

成鸟额、头顶至枕呈黑褐色或紫黑色，头侧和眼周呈暗褐色并具有黄白色纵纹。飞羽和尾羽呈黑褐色，尾除中央尾羽外均具有黄白色端斑，外侧端斑逐渐变大，最外侧尾羽几乎全为白色；尾下覆羽为白色，其余体羽均为暗褐色并满布白色星斑。虹膜呈褐色，喙呈黑色，脚呈黑色。

⚙ 习性

留鸟，单独或成对活动。主要以松子为食。

🏔 生长环境

发现于611林场、612林场和616林场海拔1586~2977米处。栖息于针叶林带。

喜鹊
Pica serica

雀形目 PASSERIFORMES   **鸦科** Corvidae

🐦 形态特征

体形中等。雄鸟的头部、颈部、背部至尾覆羽均呈黑色，并带有紫蓝色或蓝绿色金属光泽；肩部羽毛为白色；腰部则杂有灰白色。尾羽为黑色，但末端带有蓝色或紫蓝色的光泽。翅膀外侧覆羽为黑色，内侧飞羽则黑白相间，端部为黑色，均带有蓝绿色的金属光泽。虹膜呈暗褐色，喙呈黑色，脚呈黑色。

💧 习性

留鸟，常成小群活动。夏季主要以昆虫等动物性食物为食，其他季节则主要以植物果实和种子为食。

🌲 生长环境

发现于611林场、612林场和616林场海拔1060~2393米处。栖息于荒野、农田、郊区、城市、公园等地。

红嘴蓝鹊
Urocissa erythroryncha

 雀形目 PASSERIFORMES　　　鸦科 Corvidae

形态特征
大型鸦类。雌雄羽色相似。头至胸全为黑色，但头顶至后颈具有白色羽端；上体余部体羽为紫蓝色，飞羽具有白色次端斑；尾长、呈楔形，紫色尾羽具有白色次端斑，外侧尾羽还具有黑色次端斑；下体余部体羽为白色。虹膜呈橘红色，喙呈红色，脚呈红色。

习性
留鸟，常小群活动。主要以昆虫等动物性食物为食，兼食植物的果实、种子和玉米、小麦等农作物。

生长环境
发现于611林场、615林场、616林场和马里冷旧海拔1167~2631米处。栖息于山区常绿阔叶林、针叶林和针阔叶混交林。

褐冠山雀
Lophophanes dichrous

雀形目 PASSERIFORMES　　　　　山雀科 Paridae

▼ 形态特征
头顶和长的羽冠为褐灰色或灰色；额、眼先、颊和耳覆羽呈棕黄色，杂有灰褐色；颈侧呈棕白色，并形成半领环状；其余上体呈灰褐色或暗灰色。下体呈淡棕色或棕褐色，两翅和尾呈褐色，并具有蓝灰色羽缘。虹膜呈红褐色，喙呈黑色，脚呈蓝灰色。

⊕ 习性
留鸟，常单独或成对活动。主要以鳞翅目、鞘翅目等昆虫的成虫和幼虫为食，兼食其他小型无脊椎动物和植物性食物。

▲ 生长环境
发现于611林场和612林场海拔2774~3630米处。栖息于高山针叶林，尤其是冷杉、云杉等杉木为主的针叶林。

煤山雀
Periparus ater

雀形目 PASSERIFORMES　　　　　　　山雀科 Paridae

▼ 形态特征

雄鸟的额、眼先、头顶、羽冠、枕和后颈为具有金属光泽的黑色；颊、耳羽和颈侧有大白斑；后颈中央也有一白斑。上体呈灰蓝色；腰和尾上覆羽呈棕褐色；尾羽呈黑褐色，并具有银灰色外翈。颏、喉和胸上部呈黑色；胸下部呈灰白色；其余下体呈乳白色或棕白色。虹膜呈暗褐色，喙呈黑色，脚呈铅黑色。

◈ 习性

留鸟，常成小群活动。主要以鳞翅目、鞘翅目等昆虫的成虫和幼虫为食，兼食其他小型无脊椎动物和植物性食物。

🌲 生长环境

发现于611林场和612林场海拔2616~3476米处。栖息于阔叶林、针叶林和针阔叶混交林。

黑短脚鹎

Hypsipetes leucocephalus

雀形目 PASSERIFORMES　　　　　鹎科 Pycnonotidae

形态特征

整个头、颈和胸部均为
白色；其余上体、尾上
覆羽和翅上覆羽为黑
色，飞羽和尾羽为黑褐
色。下体自腹部往后为
黑褐色或黑色，尾下覆
羽为暗褐色，并具有灰
白色羽缘。虹膜呈黑褐
色，喙呈鲜红色，脚呈
橘红色。

习性

夏候鸟，常单独或成小
群活动。主要以昆虫等
动物性食物为食，兼食
植物果实、种子等植物
性食物。

生长环境

发现于611林场和616
林场海拔1124~2982
米处。栖息于低山丘陵
或海拔较高的高山中的
次生林、阔叶林和针阔
叶混交林及林缘地带。

黄臀鹎
Pycnonotus xanthorrhous

雀形目 PASSERIFORMES　　　　　鹎科 Pycnonotidae

🐾 形态特征

额、头顶、枕、眼先和眼周均为黑色；耳羽为灰褐色；背、肩、腰至尾上覆羽为褐色；尾为暗褐色，并具有不明显横斑。颏、喉均为白色，喉侧具有不明显的黑色髭纹；上胸为灰褐色，形成宽环带；胁部为灰褐色；尾下覆羽为鲜黄色；其余下体为乳白色。虹膜呈棕色或黑褐色，喙呈黑色，脚呈黑色。

🐦 习性

留鸟，常成小群活动。主要以植物的果实、种子为食，兼食昆虫等动物性食物。

🌲 生长环境

发现于616林场海拔1060~1669米处。栖息于中低山的稀疏林地。

栗头树莺
Cettia castaneocoronata

雀形目 PASSERIFORMES　　　　　　树莺科Scotocercidae

♥ 形态特征

额至头顶、眼先和头侧为亮栗色，眼后有一白色小斑。上体呈橄榄褐色，尾甚短。胸和两胁呈橄榄绿色，其余下体呈鲜黄色。虹膜呈褐色，上喙呈黑褐色，下喙呈乳黄色或蜡黄色，脚呈浅褐色。

⊛ 习性

夏候鸟，常单独或成对活动。主要以昆虫成虫和幼虫为食，兼食草籽和其他植物的果实与种子。

🌲 生长环境

栖息于常绿阔叶林、次生林下部的灌丛与草丛中。

黑眉长尾山雀

Aegithalos bonvaloti

雀形目 PASSERIFORMES　　　　长尾山雀科 Aegithalidae

形态特征

前额呈白色；头顶和后颈呈黑色，头顶中间具有白色纵纹；眼先和眼下方呈黑色。上体呈橄榄灰色，下背和腰部呈暗灰棕色，腰羽具有浅栗色端斑形成的一条棕栗色狭带。颏和上喉呈灰黑色；下喉呈白色；上胸、颈侧和腹中部呈白色；胸下部、两肋和尾下覆羽呈沙栗色，其中尾下覆羽具有灰白色羽端。虹膜呈橘黄色，喙呈黑色，脚呈棕褐色。

习性

留鸟，常成小群活动。主要以昆虫和草籽为食。

生长环境

发现于611林场、612林场和615林场海拔2124~2439米处。栖息于针叶树和栎类植物混生的针阔叶混交林中。

斑胸短翅蝗莺
Locustella thoracica

雀形目 PASSERIFORMES　　　　　蝗莺科 Locustellidae

形态特征

小型鸟类。上体呈暗赭褐色；眼先呈黑色；眉纹呈灰白色。下体呈白色；下喉至上胸具有显著的灰褐色点斑。两胁呈暗赭褐色，但颜色较淡。尾上覆羽呈暗赭褐色，尖端呈白色，形成数道显著的白色横斑。虹膜呈褐色，喙呈黑色，脚呈淡灰色。

习性

单独或成对活动，冬季成小群活动。主要以鞘翅目昆虫、双翅目昆虫、蜗牛、蜘蛛等为食。

生长环境

栖息于山地丘陵、高山地区。

灰眶雀鹛
Alcippe davidi

雀形目 PASSERIFORMES　　　　雀鹛科 Alcippeidae

▼ 形态特征

小型鸟类。头、颈部为灰褐色；头侧和颈侧为深灰色。上体（包括两翅）和尾表面呈橄榄褐色。颏、喉呈浅灰色；胸呈灰白色，杂以草黄色；腹侧和两胁为草黄色；腹中央呈灰白色。虹膜呈红色，喙呈黑褐色，脚呈黄褐色。

✿ 习性

留鸟，成小群活动。主要以昆虫的成虫和幼虫为食，兼食植物果实、种子、叶、芽等植物性食物。

🐾 生长环境

发现于616林场海拔1500米处。栖息于山地和平原地带的森林和灌丛中。

白喉噪鹛
Pterorhinus albogularis

| 雀形目 PASSERIFORMES | 噪鹛科 Leiothrichidae |

形态特征
中型鸟类。额至头顶呈棕栗色，其余上体呈橄榄褐色。尾羽呈橄榄褐色，凸尾状。颏、喉和上胸呈白色；下胸具有橄榄褐色的横带；腹部呈棕色或棕白色；两胁和尾下覆羽呈黄色。虹膜呈灰蓝色或蓝白色，喙呈黑褐色，脚呈灰褐色或铅灰色。

习性
留鸟，常成小群活动。主要以鞘翅目、半翅目和鳞翅目等昆虫为食。

生长环境
发现于611林场和616林场海拔1402~2212米处。栖息于低山、丘陵和山脚地带的各种森林和竹林中。

褐鸦雀
Cholornis unicolor

形态特征
小型鸟类。头具有短的羽冠；头顶和冠羽呈棕褐色；有一长的黑色眉纹自眼先延伸至颈侧；眼圈呈白色。上体呈棕橄榄色。颏、喉和上胸呈淡棕褐色；其余下体呈淡棕黄灰色。虹膜呈褐色；喙呈橙黄色，短且粗厚；脚呈铅灰色或黄褐色。

习性
留鸟，成对或成小群活动。主要以昆虫、植物的果实和种子为食。

生长环境
发现于611林场海拔2900米处。栖息于常绿阔叶林、针叶林、针阔叶混交林、竹林和灌丛中。

红嘴鸦雀
Conostoma aemodium

📖 **雀形目** PASSERIFORMES　　　　　🍃 **鸦雀科** Paradoxornithidae

🦅 形态特征

中型鸟类。前额呈灰白色；眼先和眼下呈黑褐色；头顶和上体呈橄榄褐色或淡土褐色。尾呈棕褐色并具有宽的灰色羽缘和羽端；飞羽呈暗褐色。颊、喉和头侧呈橄榄灰褐色，其余下体呈棕灰色。虹膜呈橙黄色或褐色，喙呈橙黄色，脚呈黑褐色或铅绿灰色。

⊙ 习性

留鸟，成小群活动。主要以植物的果实和种子为食，兼食昆虫和其他小型无脊椎动物。

🌲 生长环境

发现于611林场、612林场、615林场和616林场海拔1257~2917米处。栖息于针叶林和针阔叶混交林中。

灰头雀鹛
Fulvetta cinereiceps

雀形目 PASSERIFORMES   鸦雀科 Paradoxornithidae

❦ 形态特征

体形中等。头顶至后颈呈褐色或灰褐色；上背呈暗棕褐色或栗褐色；腰和尾上覆羽呈棕黄色或黄褐色；尾呈褐色。颏、喉、胸和腹部呈灰白色；两胁和尾下覆羽呈棕黄色。虹膜呈暗褐色，喙呈黑褐色，脚呈淡褐色。

🌿 习性

留鸟，成小群活动。主要以膜翅目、鞘翅目和鳞翅目等昆虫的成虫和幼虫为食，兼食植物叶片、幼芽、果实和种子等植物性食物。

🌲 生长环境

发现于611林场和616林场海拔1586~3160米处。栖息于山地阔叶林、针叶林、针阔叶混交林、竹林。

灰腹绣眼鸟
Zosterops palpebrosus

雀形目 PASSERIFORMES　　　　绣眼鸟科 Zosteropidae

🐦 形态特征
体形纤小。前额至尾上覆羽呈黄绿色；眼先和眼下方呈黑色；脸颊、耳羽亦为黄绿色；眼周具有一圈白色绒羽状短羽形成的眼圈；尾呈暗褐色或黑褐色。颏、喉、颈侧和上胸为鲜黄色；下胸和两胁为淡灰色；腹呈灰白色，中央杂有不明显的黄色纵纹。虹膜呈灰褐色或红褐色，喙呈黑色，脚呈暗铅色或蓝铅色。

🪶 习性
成小群活动。主要以昆虫的成虫和幼虫为食，兼食植物的果实和种子。

🌲 生长环境
栖息于低山丘陵和山脚平原地带的常绿阔叶林、次生林中。

栗臀䴓

Sitta nagaensis

形态特征

额基、眼先、眼后至颈侧呈黑色，形成显著的黑色眼纹；头顶部至尾上覆羽及中央尾羽呈灰蓝色，飞羽和外侧尾羽呈黑褐色；脸侧、颏、喉及下体呈灰白色，稍染淡棕黄色；胁、臀部和尾下覆羽呈深栗色，其中尾下覆羽两侧具有白斑。虹膜呈深褐色，喙呈黑色，脚呈灰褐色。

习性

留鸟，常结群活动。主要以昆虫为食。

生长环境

发现于611林场、612林场和615林场海拔2007~2393米处。栖息于常绿阔叶林、针叶林和针阔叶混交林。

红翅旋壁雀
Tichodroma muraria

雀形目 PASSERIFORMES　　　鸦科 Sittidae

🐦 形态特征

体形略小。额、头顶至后枕呈棕灰色；背、肩为灰色；腰和尾下覆羽呈深灰色；尾羽基部呈粉红色，中央尾羽呈黑色并具有灰褐色端斑，外侧尾羽亦为黑色。眼周微白，眼先呈黑灰色；颏、喉呈白色，其余下体呈深灰色，尾下覆羽先端呈白色。虹膜呈深褐色，喙呈黑色，脚呈黑色。

🌿 习性

留鸟，常单独活动。主要以鞘翅目、鳞翅目、直翅目、膜翅目等昆虫的成虫和幼虫为食，兼食蜘蛛和其他无脊椎动物。

🌲 生长环境

发现于616林场海拔1060米处。栖息于高山悬崖峭壁和陡坡上。

霍氏旋木雀
Certhia hodgsoni

雀形目 PASSERIFORMES　　　　旋木雀科 Certhiidae

形态特征

小型鸟类。头顶呈棕黑色并具有白色或黄色纵纹，头部有褐色"眼罩"，白色的眉纹绕过耳与颈侧相连。上背呈暗栗褐色并具有白色斑纹，两翼呈灰褐色并具有白色和棕色翼斑，腰呈红棕色。尾羽为棕色，颏、喉、下颊及胸腹部呈灰白色。虹膜呈黑褐色；喙细长而下弯，上喙呈黑色，下喙呈粉白色；脚呈黄褐色。

习性

常单独或成对活动。主要以树干上的节肢动物为食。

生长环境

栖息于中高海拔山地的针叶林、阔叶林、针阔叶混交林和次生林。

小燕尾

Enicurus scouleri

🔖 雀形目 PASSERIFORMES　　🍃 鹟科 Muscicapidae

🌱 形态特征

额部、头顶前部、腰和尾上覆羽为白色；一道黑斑横贯腰部；上体余部为黑色。两翅呈黑褐色，大覆羽先端及次级飞羽基部呈白色，形成一道明显的白色翼斑。中央尾羽先端呈黑褐色，基部呈白色；外侧尾羽的黑褐色范围逐渐缩小，而白色范围却逐渐扩大，直至最外侧一对尾羽几乎全为白色。颏、喉和上胸为黑色，下体余部为白色。虹膜呈褐色，喙呈黑色，脚呈粉白色。

🌼 习性

留鸟，常单独或成对活动。主要以水生昆虫的成虫和幼虫为食。

🌲 生长环境

发现于611林场、612林场和616林场海拔1551~2393米处。栖息于山涧溪流与河谷沿岸。

金色林鸲
Tarsiger chrysaeus

🐦 雀形目 PASSERIFORMES　　　　　🪶 鹟科 Muscicapidae

🦅 形态特征

雄鸟的顶冠和背部上方呈橄榄绿色，眉纹呈黄色，宽阔的黑色条带从眼先经过眼延至脸颊；肩羽、背部两侧和腰部呈亮橙色，两翼呈橄榄褐色；尾部呈橙色，尾端和中央尾羽呈黑色；下体呈橙色。虹膜呈黑褐色，喙呈暗褐色，脚呈肉褐色。

🌲 生长环境

发现于611林场和612林场海拔2607~3630米处。栖息于中高海拔山地的针叶林、桦树林、竹林、杜鹃灌丛中。

🌱 习性

夏候鸟，常单独或成对活动。主要以鞘翅目、鳞翅目、膜翅目等昆虫为食，兼食少量植物果实与种子。

紫啸鸫

Myophonus caeruleus

雀形目 PASSERIFORMES　　　**鹟科 Muscicapidae**

形态特征

成鸟眼先及颏绒呈黑色；前额、头顶至背（包含肩羽和颈侧）呈深紫蓝色，羽端具有较密集的亮蓝色点斑；翅和尾羽呈暗褐色。喉、胸和上腹部呈深紫蓝黑色，羽端缀有亮紫蓝色点斑；下腹部至尾下覆羽和胁部为黑褐色，杂有紫蓝色。虹膜呈暗褐色，喙呈黄色，脚呈黑色。

习性

夏候鸟，常单独或成对活动。主要以昆虫和小蟹为食，兼食浆果及其他植物。

生长环境

发现于611林场、612林场和616林场海拔1098~2174米处。栖息于山地森林溪流沿岸。

灰鹡鸰
Motacilla cinerea

📖 雀形目 PASSERIFORMES　　　　🍃 鹡鸰科 Motacillidae

✦ 形态特征

头部和上体呈灰色；尾上覆羽呈鲜黄色，部分沾有褐色；中央尾羽呈黑色或黑褐色，具有黄绿色羽缘。眉纹和颊纹呈白色；眼先、耳羽呈灰黑色；颏、喉夏季为黑色，冬季为白色；其余下体呈鲜黄色。虹膜呈褐色，喙呈黑褐色或黑色，脚呈粉红色。

✦ 习性

留鸟，常单独或成对活动。主要以昆虫为食。

✦ 生长环境

发现于611林场、612林场和616林场海拔1104~2868米处。栖息于溪流、河谷、沼泽、池塘等多种水域的岸边。

黄头鹡鸰

Motacilla citreola

雀形目 PASSERIFORMES　　　鹡鸰科 Motacillidae

形态特征

头呈鲜黄色；背呈黑色或灰色；有的后颈在黄色下面还有一条窄的黑色领环；腰呈暗灰色。尾上覆羽和尾羽呈黑褐色，外侧两对尾羽具有大型楔状白斑。翅呈黑褐色，翅上大覆羽、中覆羽和内侧飞羽具有宽的白色羽缘。下体呈鲜黄色。虹膜呈暗褐色或黑褐色，喙呈黑色，脚呈乌黑色。

习性

夏候鸟，常成对或小群活动。主要以鳞翅目、鞘翅目、双翅目、膜翅目、半翅目等昆虫为食，兼食少量植物性食物。

生长环境

栖息于湖畔、河边、农田、草地、沼泽等。

树鹨
Anthus hodgsoni

雀形目 PASSERIFORMES　　　　鹡鸰科 Motacillidae

🐦 形态特征
眉纹粗长，呈白色；耳附近有黄白色的羽斑。上体呈橄榄绿色，纵纹较少，喉及两肋呈黄色，胸部及两肋有浓密的纵纹。虹膜呈红褐色，上喙呈黑色，下喙偏粉色，脚呈粉红色。

🐦 习性
留鸟，常单独或结小群活动。主要以昆虫及植物的种子为食，兼食少量苔藓及蜘蛛、蜗牛等无脊椎动物。

🌲 生长环境
发现于611林场和616林场海拔1586~2977米处。栖息于阔叶林、针叶林和针阔叶混交林等山地森林中。

黄颈拟蜡嘴雀
Mycerobas affinis

🐦 形态特征

雄鸟的头、颈、颏、喉和上胸呈黑色且富有光泽；两翅和尾亦为黑色；其余上体为橙黄色；下体为鲜黄色。雌鸟的头、颈、颏、喉和上胸呈灰色或暗灰色；背、肩和两侧覆羽为橄榄绿色；腰为黄色；两翅和尾为黑色；下体为橄榄黄色。虹膜呈褐色；喙粗大，呈黄绿色；脚呈橘黄色。

✦ 习性

常单独或成对活动。主要以种子、果实、浆果、幼芽、嫩叶等植物性食物为食，兼食昆虫的成虫和幼虫等动物性食物。

🌲 生长环境

栖息于海拔3000米以上的高山针叶林和针阔叶混交林、桦树林、栎林，以及林线以上的杜鹃灌丛和矮树丛中。

灰头灰雀
Pyrrhula erythaca

 雀形目 PASSERIFORMES　　　燕雀科 Fringillidae

♥ 形态特征

体形略大。雌雄成鸟头部均为灰色，并有黑色"眼罩"；飞行时白色的腰及灰白色的翼斑明显可见。雄鸟胸及腹部呈橙红色，尾下覆羽呈白色。雌鸟下体及上背呈暖褐色。虹膜呈深褐色；喙厚且略带钩，呈黑色；脚呈粉褐色。

◈ 习性

留鸟，常结小群活动。主要以植物的种子和浆果等植物性食物为食。

🌲 生长环境

发现于611林场和616林场海拔1618~2977米处。栖息于亚高山针叶林及针阔叶混交林。

黄喉鹀
Emberiza elegans

雀形目 PASSERIFORMES　　　　　鹀科 Emberizidae

▼ 形态特征

雄鸟头呈黑色，具有竖立的羽冠；枕部呈黄色；上背呈栗褐色；颈侧、下背至尾上覆羽呈蓝灰色；喉呈黄色；胸部具有大型黑斑；下体余部为白色；体侧具有褐色纵纹。雌鸟头呈棕褐色，喉呈沙黄色，胸部无黑斑。虹膜呈深褐色，喙呈黑色，脚呈红色。

◈ 习性

留鸟，常成小群活动。主要以昆虫的成虫和幼虫为食。

▲ 生长环境

发现于612林场、615林场、616林场和马里冷旧海拔1090~2212米处。栖息于低山丘陵地带的次生林、阔叶林、针阔叶混交林的林缘灌丛中。

大渡攀蜥
Diploderma daduense

爬行类

爬行类（Reptilia）是脊椎动物亚门爬行纲动物的总称。爬行类大多长有干燥的鳞状皮肤，身体已明显分为头、颈、躯干、四肢和尾部，颈部及骨骼较发达，心脏只有三个心室。其运动时采用典型的爬行方式，用肺呼吸，体温不恒定，新陈代谢率低，大多是肉食性或杂食性。

大渡攀蜥
Diploderma daduense

有鳞目 SQUAMATA　　　　　鬣蜥科 Agamidae

形态特征
与丽纹攀蜥相比，大渡攀蜥成年雄性体形较大，平均长约86.5毫米；颈脊更明显也更长；两性均无喉斑，而丽纹攀蜥的成年雄性喉斑为黄色或黄绿色；成年雄性的背侧条纹上边缘呈锯齿状，下边缘平直，而丽纹攀蜥成年雄性的背侧条纹上下边缘均平直；雌性沿脊椎线的黑色斑块为心形或菱形，而丽纹攀蜥雌性的近似方形；大渡攀蜥颞区锥鳞至少一侧数量少于4枚，而丽纹攀蜥为4~5枚。

习性
主要以昆虫为食。

生长环境
栖息于林缘灌丛间或碎石堆旁。

　　2024 年，研究人员在动物学领域的国际期刊 *Animals* 上发表了一篇文章，鉴定了一种新的蜥蜴物种——大渡攀蜥（*Diploderma daduense*）。通过大量的实地考察和详细的标本比对发现，曾经被认为分布在大渡河流域的"丽纹攀蜥"种群与模式产地（湖北宜昌）的丽纹攀蜥（*Diploderma splendidum*）种群存在明显的形态和遗传差异，遂将其命名为大渡攀蜥。这一发现不仅丰富了人们对攀蜥多样性的理解，也为研究东喜马拉雅地区的物种演化提供了重要线索。

　　大渡攀蜥的分布界线为从泸定县下游的大沟到峨眉山附近，涉及石棉县、九龙县、汉源县、甘洛县、金口河区、峨边县、峨眉山市等辖区内的大渡河下游流域。大渡攀蜥是四川省特有物种。

　　大渡攀蜥的发现将攀蜥属已知物种的数量增至 47 种，使之成为少数几个经详尽研究并确立了分布边界的攀蜥属物种之一。这一新种的发现，强化了横断山脉作为驱动物种分化关键区域的作用。同时，大渡攀蜥的遗传结构与地理分布之间存在紧密联系，为未来的生态学和保护生物学研究奠定了基础，尤其是其分布区的界定对制定针对性保护措施至关重要。这一科学成果进一步凸显了中国西部生物多样性的独特价值和保护这些珍贵自然遗产的紧迫性与重要性。

铜蜓蜥
Sphenomorphus indicus

有鳞目 SQUAMATA　　　　　　　蜓蜥科 Sphenomorphidae

❤ 形态特征

鼓膜小，呈卵圆形，下陷，无瓣突；吻钝圆，吻鳞突出，后缘与单枚额鼻鳞相接。四肢较发达，前肢与后肢贴体相向时，后肢趾端达掌部；掌部、跖部粒鳞大小不一。体背面呈古铜色，背中央有一条断断续续的黑纹；体侧有一条宽的黑褐色纵带。

❀ 习性

主要以鞘翅目、鳞翅目等昆虫为食。

⛰ 生长环境

栖息于海拔2000米以下山地的阴湿草丛、荒石堆或有裂缝的石壁处。

大眼斜鳞蛇
Pseudoxenodon macrops

有鳞目 SQUAMATA　　　　斜鳞蛇科 Pseudoxenodontidae

形态特征
头为长椭圆形，头颈区分明显；眼大；吻钝。头和颈部呈铅色，颈背有一黑色箭形斑；颈部及背中线直到尾端有约50个橘黄色或棕红色斑纹，斑纹边缘呈黑色。

习性
主要以蛙为食。

生长环境
栖息于高原山区的山溪边、路边、菜园中、石堆上。

乌梢蛇

Ptyas dhumnades

📖 有鳞目 SQUAMATA　　　　　　　　🍃 游蛇科 Colubridae

❦ 形态特征

头与颈区分显著；瞳孔为圆形；鼻孔开口于前后两鼻鳞间；吻鳞自头背面可见。背部体色呈绿褐色、棕褐色或黑褐色，背脊有两条纵贯全身的黑线，黑线之间有两行与鳞同宽的浅黄褐色纵纹，颇为明显。腹鳞呈灰白色。尾部渐细而长。

✦ 习性

主要以鱼、蛙、蜥蜴、鼠等为食。

⛰ 生长环境

栖息于山林、平原、丘陵等的水源附近，常见于灌丛下杂草丛中。

两栖类

　　两栖类（Amphibia）是一类原始的、初登陆的、具五趾型的变温四足动物，皮肤裸露，分泌腺众多，混合型血液循环。其个体发育周期有一个变态过程，即以鳃（新生器官）呼吸生活于水中的幼体在短期内完成变态，成为以肺呼吸、能营陆地生活的成体。两栖动物既有继承自鱼类的适于水生的性状（如卵和幼体的形态及产卵方式等）；又有新生的适应于陆栖的性状（如感觉器、运动装置及呼吸循环系统等）。变态既是一种新生适应，又反映了由水到陆主要器官系统的改变过程。

峨眉树蛙
Rhacophorus omeimontis

山溪鲵
Batrachuperus pinchonii

有尾目 CAUDATA   小鲵科 Hynobiidae

⭐ **保护级别**
国家二级重点保护野生动物。

🐾 **习性**
主要以藻类、草籽、水生昆虫等为食。

🐂 **形态特征**
雄鲵体长18~20厘米，雌鲵体长15~19
厘米。头部略扁平，躯干呈圆柱状，皮
肤光滑。尾粗壮、呈圆柱形，向后逐渐
侧扁。

🌲 **生长环境**
栖息于高山山溪、湖泊的石块树根下、
苔藓中。

大凉螈
Liangshantriton taliangensis

有尾目 CAUDATA　　　　　　蝾螈科 Salamandridae

⭐ **保护级别**
国家二级重点保护野生动物。

🐾 **形态特征**
雄螈全长186~220毫米，雌螈全长
194~230毫米。头部扁平，头长略大
于头宽；吻端平切且较高，近于方形；
鼻孔近吻端无唇褶。犁骨齿列呈尖端向
前的倒"V"字形。皮肤粗糙，密布疣
粒。头背两侧有显著的骨质嵴棱。通身
呈棕黑色，仅头背的耳后腺、四肢的指
趾端及尾下缘为橘红色。

💧 **习性**
主要以昆虫或其他小动物为食。

🌲 **生长环境**
栖息于海拔1390~3000米植被茂密、
环境潮湿的山间凹地。

大凉螈是我国西南地区特有种，主要分布于四川省凉山州的昭觉县、冕宁县、美姑县、布拖县，乐山市的峨边彝族自治县、马边彝族自治县，雅安市的石棉县、汉源县等地区；多见于海拔1390~3000米处植被繁茂、环境潮湿的山间凹地。但其可能的栖息地范围不足 2000 平方千米，十分狭窄。

目前对大凉螈的研究涉及其精子形态、系统发育、种群年龄结构、栖息地调查、繁殖生态等方面。

遗传多样性已被证明对种群的适应性非常重要，因为高水平的杂合子可能会提高种群中的个体对环境变化的适应性。研究表明，大凉螈种群存在高水平的遗传多样性，其中石棉县和昭觉县的大凉螈种群的遗传多样性水平较低，峨边县和美姑县的大凉螈种群则表现出了远高于其他地理种群的遗传多样性水平。

研究发现，大凉螈种群具有明显的地理结构特征，各支系间存在较大的遗传分化，说明大凉螈种群间存在地理屏障，种群间的基因流受到明显限制。

研究还发现，雄性大凉螈的繁殖季从 4 月底持续至 7 月下旬，雌性的繁殖季为 5月中旬 ~7 月初。繁殖季节时，大凉螈个体聚集于清澈、有活水的水塘（多为山间溪流旁的水坑和山顶有水流汇入的小湖泊）中，聚集的大凉螈个体数量与水体大小呈正相关。其繁殖池内多有蝌蚪存在，大凉螈对其有捕食的现象，从而可以解释大量个体在聚集时如何进食的问题。繁殖期过后，大凉螈分散到溪流等水源地，冬季存在冬眠行为，并在次年 3~4 月份气温上升、降水增加后复苏活动。大凉螈对繁殖池水体的要求极高，繁殖池须有活水注入但整体流动性不能太大，且水体须无环境污染。

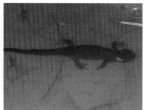

中华蟾蜍
Bufo gargarizans

📖 **无尾目** ANURA　　　　　🍃 **蟾蜍科** Bufonidae

🐸 **形态特征**

体肥大；头宽大于头长；吻圆而高，吻棱明显；鼻孔位于吻眼之间；鼓膜、鼓环显著；无犁骨齿。体背面多为橄榄黄色或灰棕色，有不规则斑纹；背脊有一条蓝灰色宽纵纹，其两侧有深棕黑色纹；肩部和体侧、股后常有棕红色斑；腹面呈灰黄色或浅黄色，有深褐色云斑；后腹部有一个大黑斑。

🐸 **习性**

主要以鞘翅目、双翅目、直翅目等昆虫为食。

🌲 **生长环境**

栖息于陆地草丛、山坡石下或土穴等潮湿环境。

棘腹蛙
Quasipaa boulengeri

📖 **无尾目** ANURA   🍃 **叉舌蛙科** Dicroglossidae

🐂 **形态特征**

体大而粗壮。头宽大于头长；吻端圆，吻棱略显；鼻孔位于吻眼之间；鼓膜略显；犁骨齿短。皮肤粗糙，背部的长形疣排列成行，雄性胸腹部满布大小不一的黑刺疣。背面多为土棕色或棕黑色；四肢背面有黑色横纹；腹面呈紫肉色，咽喉部及股部有深色云斑。

💧 **习性**

主要以鳞翅目、鞘翅目、直翅目等昆虫为食。

🌲 **生长环境**

栖息于多石山区的溪流或其附近水塘中。

绿臭蛙
Odorrana margaretae

| 无尾目 ANURA | 蛙科 Ranidae |

形态特征
头部扁平；吻端钝圆；鼓膜小；犁骨齿呈两斜列。背面皮肤光滑，体侧皮肤有小痣粒。体背面呈绿色，体后端呈棕色并散有褐黑色斑点，四肢背面呈绿色或棕色且有褐黑色横纹，股后褐黑色大花斑或碎斑明显。

习性
主要以昆虫为食。

生长环境
栖息于山涧湍急溪段长有苔藓、蕨类等植物的巨石或崖壁上。

峨眉树蛙
Rhacophorus omeimontis

无尾目 ANURA　　　　**树蛙科 Rhacophoridae**

形态特征
身体窄长而扁平；头宽略大于头长；雄蛙吻端斜尖，明显突出于下唇，雌蛙吻端较圆而高，略突出于下唇；吻棱明显；鼻孔略近吻端；鼓膜大而圆；犁骨齿粗壮。皮肤粗糙，整个背面满布细痣粒或白色小刺粒；腹面及股部下方密布扁平疣。体色变异很大，背面包括四肢多为草绿色，与不规则的棕色斑纹交织成网状斑；腹面呈乳白色。

习性
主要以蝉、蝽象、蝇、虻、鳞翅目昆虫等为食。

生长环境
栖息于竹林、灌木和杂草丛中，以及水池边的石缝或土穴内。

无脊椎动物（Invertebrate）是指背侧没有脊柱的动物，是动物的原始形式。其现存 100 余万种，占动物总种类数的 95%，分布于世界各地。无脊椎动物包括原生动物、棘皮动物、软体动物、扁形动物、环节动物、腔肠动物、节肢动物、线形动物等。从生活环境上看，海洋、江河、湖泊、池沼及陆地上都有它们的踪迹；从生活方式上看，可分为自由生活、寄生生活和共生生活；从繁殖后代的方式上看，可进行无性繁殖、有性繁殖或无性繁殖和有性繁殖皆可，个别种类还可以进行幼体生殖、孤雌生殖等。

无脊椎动物

肖氏赤蜻
Sympetrum xiaoi

穹宇萤
Pygoluciola qingyu

鞘翅目 COLEOPTERA　　　　萤科 Lampyridae

A 形态特征
成虫前胸背板呈粉红色，前部具有2对深红色斑，后缘角尖锐；前翅通体呈黑色，前胸腹面呈黄褐色。雄成虫有2节发光器，呈乳白色，第1节为带状，位于第6腹节腹面，第2节为半圆形，位于第7腹节腹面；雌成虫仅有1节发光器，呈乳白色、带状，位于第6腹节腹面。

习性
幼虫半水生，成虫悬挂在树枝和藤蔓上。主要以淡水螺类或各种小型无脊椎动物尸体为食。

生长环境
发现于杨河乡仲子村一线天峡谷。栖息于河流、小溪、瀑布等附近。

穹宇萤是 2008 年于四川省峨眉山发现的新种，也是中国有记录的第一种能同步发光（若干数量的雄性成虫能同时发光）的萤火虫。

穹宇萤个体不善飞，成虫悬挂在树枝和藤蔓上，发光时十分明亮，形成难得一见的"萤光串"景观。在天气晴好的晚上，当有红色光源刺激时，上千只萤火虫会同步发光。雄成虫偏好趴伏于垂下的藤蔓或树叶末端同步发光，以高效率地刺激雌成虫，从而寻找配偶；雌成虫闪光频率较慢，通过飞行寻找雄虫。成虫存在光谱性二型现象，雄性发光偏黄而雌性发光偏绿。此外，雄性易被人工红色光源（如汽车尾灯、红色激光笔和红色交通指挥灯等）刺激发光。

2022 年 7 月上旬 ~8 月下旬，研究人员在四川省乐山市峨边县杨河乡仲子村的一线天峡谷发现了数量超过 10 万只的穹宇萤种群。一线天峡谷为喀斯特地貌，绵延 3~4 千米，峡谷内湿度为 85%~90%，温度不超过 27℃。两侧山体几乎垂直，间距为 20~30 米，高度为 100~150 米。山体植被为高大乔木、灌木、竹子、苔藓及各类杂草等，覆盖率约为 98%。崖壁湿度较高，偶有小瀑布流下。山体岩壁上有较多蜗牛、蛞蝓和各类小型节肢动物及其尸体。峡谷底部河沟宽为 3~5 米。

　　良好的植被和气候条件为穹宇萤幼虫提供了丰富的食源和适宜的化蛹场所。穹宇萤多在水边长有苔藓等湿度较大的地方产卵，卵为圆形，呈乳白色。幼虫半水生，栖息于河流、小溪、瀑布等附近，捕食淡水螺类或各种小型无脊椎动物尸体；尾部臀足具有吸附功能，可将身体吸附在石头或崖壁上，还可利用臀足辅助筑巢化蛹。幼虫需蜕皮 5 次，末龄老熟幼虫会寻找安全处，用足和口器将湿润泥土筑成蛹室，在蛹室中静伏 5~10 天后蜕变成蛹，经过 15~25 天后羽化成虫。

　　穹宇萤在 7 月初开始羽化成虫，7 月底为最盛期，8 月中下旬羽化的穹宇萤数量开始减少，8 月底成虫期基本结束。除生态破坏和环境污染因素外，穹宇萤易受天气影响。若遇干旱少雨，崖壁峡谷湿度下降，幼虫的生长和化蛹会受到较大影响，进而使成虫数量下降。为了更好地保护这一珍稀物种和种群，现已建立"峨边彝族自治县杨河乡萤火大峡谷穹宇萤保护基地"，在全面研究的基础上，从保护和改善生态环境、减少对萤火虫的人为破坏等多个方面，对穹宇萤采取保护措施。

星天牛

Anoplophora chinensis

鞘翅目 COLEOPTERA   天牛科 Cerambycidae

形态特征

体长19~39毫米，体宽6.0~13.5毫米。体呈漆黑色，略带金属光泽，具有白色小星斑。触角较粗壮，比体长更长，自第3节起各节基部为淡蓝白色。体腹面被银灰色和蓝灰色茸毛。胸足胫节基部及跗节背面呈蓝灰色。鞘翅具有若干白色小星斑，排成不规则的横行，有时鞘翅背面中央无斑纹；鞘翅基部具有颗粒，肩部及基部中央隆起，翅面其余部分较光裸。头部额近方形。前胸背板基部中央具有瘤突，侧刺突粗壮。中胸腹板瘤突中等发达。

习性

成虫利用锋利的口器剪开树皮，并在其中产卵；幼虫钻蛀活树。

生长环境

分布于城市、乡村及山区。为县域常见物种。

蓝边矛丽金龟
Callistethus plagiicollis

鞘翅目 COLEOPTERA 　　　　　　　　　金龟科 Scarabaeidae

形态特征
体长12~17毫米。体呈长椭圆形。背面呈黄褐色或红褐色，光亮，前胸背板侧边具有蓝褐色纵斑，色斑有时不明显或消失；臀板和股节呈褐色或黄褐色；腹部呈褐色；胫跗节呈蓝色，带金属光泽。头、前胸背板和小盾片刻点细且颇密。唇基前缘直，有时中部微弯缺，上卷弱。前胸背板侧缘均匀弯突，具有平窄边，后角钝；无后缘沟线。鞘翅平滑，颇粗刻点行明显，微陷，行距稍微隆起。臀板颇光滑，刻点细而略密。

习性
夜间活动，趋光性较强。以植物叶片为食。

生长环境
分布于湿润山区。是县域中高海拔山区常见物种。

三刺钳螋
Forcipula trispinosa

革翅目 DERMAPTERA　　　　螋蠷科 Labiduridae

🦋 形态特征
体长约20毫米。头部宽于前胸背板，两侧平行，后外角稍圆，额部圆隆，光亮，头缝明显但较细；复眼相对较大，稍短于面颊长；前胸背板相对较小，长大于宽，两侧接近平行或后部稍宽，后缘呈圆弧形；背面前部圆隆，具有中沟，后部较平。鞘翅和后翅发达，鞘翅长且大，两侧平行，后缘稍向后内侧倾斜，表面光滑。雄虫腹部的3~5节背板每节两侧各有1刺突，另有1扁突（很像刺突）。末腹背板短而宽，相对较大，雄虫两侧平行，雌虫后部较窄，后缘接近横直，背面稍呈拱形，中央有明显纵沟。尾铗长且大，雄虫的两支基部分开得较宽，内缘的2/3为盲弧形向外弯，中部有1齿突，其后的1/3两支接近向后平伸，顶端尖，向内侧弯；雌虫尾铗简单，向后直伸，仅后部稍向内侧弯曲，内缘具有小齿突。足细长，腿节相对较粗。

🜨 习性
常在溪流、河道、湖泊旁的湿润石堆中利用特化的尾须捕食小昆虫。

🌲 生长环境
分布于水域岸边。在县域广泛分布。

胡蝉
Graptopsaltria tienta

| 半翅目 HEMIPTERA | 蝉科 Cicadidae |

🦋 形态特征
体长32~35毫米，翅展93~102毫米。头部呈草绿色；顶区前后方有两条黑色横带，前、中胸背板呈棕褐色，前胸背板中央有矛状纵纹且后缘呈草绿色，中胸背板两侧带、中纵带及"X"形隆起前方的"山"字形斑纹为黑色，中胸背板中央两个钩形纹及两侧缘前端为深绿色。腹部背面呈黑色，雄虫腹部有空腔。尾节两侧后端呈一叉状突出，背瓣大，盖住鼓膜绝大部分；腹部腹面呈栗色；腹瓣呈黑色，横阔呈三角形。前、后翅不透明，前翅呈暗褐色，中部色最淡，其次为基部，端部色较深；后翅呈黄褐色，臀前区端部、臀区及翅外端呈暗褐色。第2~5端室近端部中央有一三角形浅黄褐色斑点，脉纹呈黄褐色。

🜄 习性
在植被非常茂密的森林中吸食树木的汁液。若虫生活于地下，常在夜间羽化，于夏季至早秋大量成虫。

🌲 生长环境
分布于植被茂盛、气候湿润的山区森林。为县域常见物种。

斑透翅蝉

Hyalessa maculaticollis

半翅目 HEMIPTERA　　　蝉科 Cicadidae

🦋 形态特征

体长30~36毫米。身体较粗壮，头胸部略长于腹部，体色主要为黑色和绿色，胸部和腹部部分区域覆盖有白色蜡粉。头部呈绿色，单眼呈红色、复眼呈褐色。前后翅均为透明薄膜质感，前翅有一排（4个）烟褐色斑点，后翅没有斑纹。前翅的翅脉靠近基部的为褐色或暗褐色，靠近端部的为黑褐色或褐色。腹瓣左右两片内侧重叠，外缘是阔圆形；颜色多变，有灰绿色、褐色、纯黑色或杂色，有的带有褐色边缘。雌性蝉没有发声器，听器比雄性发达，腹瓣很小。

💧 习性

取食多种树木，利用刺吸式口器扎入树木中吸取汁液，并在枝条中产卵。于7月下旬至8月末大量成虫。

🌲 生长环境

栖息于丘陵地带的森林，也会出现在城市环境中，偏好疏水性好的斜坡。在县域广泛分布。

斑衣蜡蝉

Lycorma delicatula

半翅目 HEMIPTERA　　　蜡蝉科 Fulgoridae

形态特征

头部小，呈淡褐色；复眼呈黑色；触角生在复眼下方，呈红色、歪锥状；口器比后足基部长。前翅革质，长卵形，基半部呈淡褐色，上布黑斑，端半部呈黑色，脉纹呈白色；后翅膜质，扇形，基部呈鲜红色，端部呈黑色，在红色与黑色区域间有白色横带，脉纹呈黑色。卵呈长圆形、褐色。若虫5龄，4龄若虫翅芽明显，足呈黑色，布有白色斑点。

习性

有群集性，在密集分布区常以十至数百只栖息在树枝、树杈上。于夏季大量成虫，成虫具有善跳的特点，当受到外物撞击或者惊扰时，会将身体侧移并立即跳跃，具有假死现象。取食时，刺吸式口器刺入植物组织内很深。

生长环境

在县域拥有较多的种群数量。为县域常见物种。

大绢斑蝶
Parantica sita

鳞翅目 LEPIDOPTERA　　　　斑蝶科 Danaidae

🦋 形态特征

翅展85~150毫米。胸部呈棕褐色，腹部呈棕红色。前翅翅缘及脉纹呈棕褐色，翅面为白色蜡质半透明的斑纹，基部斑纹大，端部斑纹小。后翅呈棕红色，基半部为白色蜡质半透明的条状斑。头及触角呈黑色；复眼呈黑褐色，光滑；下睫毛呈白色；下唇须黑色，有白色斑纹。胸部呈黑色，中胸背面有1条白色间断线纹；足呈黑色，腿节腹面呈白色，背面呈黑色。雄性腹部呈棕色，腹面横纹呈白色。雌性腹部背面呈棕色，腹面呈白色。前翅正面呈黑色，反面斑纹同正面，顶部呈红褐色，后翅呈红褐色。

🌐 习性

具有迁飞性，是继君主斑蝶的纪录之后，全球拥有第二最远迁飞路线的蝴蝶。活跃于树林或空旷的地方。幼虫以富含生物碱基的植物为食，所以体内积聚有大量毒素，其外表鲜艳的颜色也是为了警告鸟类的警戒色。

🌲 生长环境

分布于高海拔的山区。在县域有较大的种群数量。

中国枯叶尺蛾

Gandaritis sinicaria

鳞翅目 LEPIDOPTERA　　　　尺蛾科 Geometridae

🦋 形态特征

前翅长30~35毫米。触角呈线形；下唇须中等长，呈黑褐色。额、头顶和胸腹部背面呈黄色。前翅呈枯黄色；亚基线、内线和中线为波状，内线与中线间呈黄色，有枯黄色和灰褐色晕影；中线外侧有2条细纹。后翅基半部呈白色；端半部呈黄色；顶角附近的缘毛呈黄色，向下逐渐过渡为灰褐色。前翅反面呈灰黄色，中点同正面，内线、外线和翅端部各有1个褐斑；后翅反面呈灰白色或灰黄色，斑纹同正面，但十分模糊。

⏾ 习性

夜晚在山区活动，有较强的趋光性。白天停歇，形如枯叶，以迷惑捕食者。

🌲 生长环境

分布于山区。在县域较为常见。

青辐射尺蛾
Iotaphora admirabilis

鳞翅目 LEPIDOPTERA　　　　　　尺蛾科 Geometridae

形态特征

翅呈青绿色。雌蛾触角呈锯状，雄蛾触角呈双栉状。触角干呈白色，栉呈棕色。颜面呈灰白色，头顶呈粉白色。下唇须呈白色。前翅内线为弧形，呈黄白两色；中室端有黑纹；外线呈黄白两色，外线以外有10余条辐射状黑短线。后翅除无内线外，斑纹大体同前翅。足呈白色，前足腿节背面和胫节上有黑斑。

习性

夜晚在山区活动，有较强的趋光性。白天停歇，色泽如植物叶片，以迷惑捕食者。

生长环境

分布于山区。在县域较为常见。

窄斑翠凤蝶
Papilio arcturus

鳞翅目 LEPIDOPTERA　　　　凤蝶科 Papilionidae

🦋 形态特征

翼展10~12厘米，雌蝶略大于雄蝶，两性蝴蝶外形无明显区别。触须、头部和胸部为黑色，腹部也呈黑色。雌蝶前翅呈黑绿色，各翅脉两侧有翠绿色条纹；后翅呈黑色，有蓝色纹路，末端变成绿色，并布有4个环链珠形紫色斑点；雄蝶前翅呈黑绿色，略透明，各翅脉两侧有绿色条纹；后翅呈黑绿色，有亮蓝色纹路，末端变成金黄色，且有4个紫色斑点。

🌿 习性

飞行速度较慢，喜滑翔飞行。多于晨间或黄昏时飞至野花吸食花蜜，有时也会在开阔位置汲取水分。幼虫喜食芸香科的植物，主食毛刺花椒，兼食柑橘、无腺吴萸等。成虫一年大部分时间可见，但主要出现在4~5月和9~10月。

🌲 生长环境

分布于植被茂密的山区。是县域中高海拔常见的蝶类。

东亚豆粉蝶
Colias poliographus

📖 鳞翅目 LEPIDOPTERA　　　　🍃 粉蝶科 Pieridae

🦋 **形态特征**

雄蝶体长17~20毫米,翅展44~55毫米;雌蝶体长15~18毫米,翅展46~59毫米。体躯呈黑色。头胸部密被灰色长茸毛,头及前胸茸毛端部呈红褐色。腹部被黄色鳞片和灰白色短毛,腹面色较淡。触角呈红褐色,锤部色较暗,端部呈淡黄褐色。复眼呈灰黑色,下唇须呈黄白色,端部呈深紫色。足呈淡紫色,外侧较深。翅色变化较大,一般为黄色或淡黄绿色,前翅中室端部有1个黑斑,外缘为1条黑色宽带,带中有1列形状不规则的淡色斑。后翅中室端部有1个橙色斑,端带模糊、呈黑色。

💧 **习性**

喜好在晴好的天气飞行。幼虫以豆科植物为寄主。

🌿 **生长环境**

分布于高海拔的草甸地区。在县域拥有较大的种群数量。

大展粉蝶
Pieris extensa

鳞翅目 LEPIDOPTERA   粉蝶科 Pieridae

形态特征

翅展65~80毫米，通常约70毫米。雄蝶翅呈白色，脉纹呈黑色，中室下缘的脉纹显著（较粗）且呈黑色；前翅顶角呈黑色，亚外缘有1个明显的大黑斑；后翅前缘外方有1个黑色牛角状斑；前翅反面的顶角呈淡黄色，其余同正面；后翅反面具有黄色鳞粉，基角处有1个橙色斑点，脉纹明显且呈黑色。雌蝶翅基部呈淡黑褐色，黑色斑及后缘末端的条纹范围较大，后翅外缘有黑色斑列或横带，其余同雄蝶。

习性

常在林间活动。集群汲取水分或盐分。

生长环境

分布于高海拔的森林。在县域有较高的种群密度。

构月天蛾
Parum colligata

鳞翅目 LEPIDOPTERA　　　　　　天蛾科 Sphingidae

🦋 形态特征

翅长35~80毫米。体翅呈褐绿色；胸部呈灰绿色，肩板呈棕褐色；前翅基线呈灰褐色，内线与外线之间有比较宽的茶褐色带，中室末端有一个白点，外线呈暗紫色，顶角有一块近圆形的暗紫色斑，四周呈白色、月牙形，顶角至后角间有弓形的白色带；后翅呈浓绿色，外线色较浅，后角有一块棕褐色斑。

💧 习性

夜晚在山区活动，有较强的趋光性。身体粗壮，胸部飞翔肌非常发达，飞行能力很强。

🌿 生长环境

分布于山区。是县域较为常见的天蛾科物种。

锥腹蜻
Acisoma panorpoides

形态特征
外形较为特殊的小型种类。腹长约18毫米；雄性体色呈淡蓝色，胸部的褐色斑纹非常特殊；雌性呈黄褐色或绿褐色，褐色斑纹与雄性相同。该种腹部自中部起缩小成长锥状。由于无近似种类，因此容易识别。

习性
飞行能力不强。于夏季至早秋大量成虫。

生长环境
分布于池塘、沼泽等环境中。在县域广泛分布。

褐肩灰蜻
Orthetrum internum

蜻蜓目 ODONATA　　　　　　　　蜻科 Libellulidae

🦋 形态特征

体长41~44毫米，腹长26~29毫米，后翅32~34毫米。雄性复眼呈蓝绿色，面部呈黄白色；合胸背面覆盖有白色粉霜，侧面具有2条黄色宽条纹，翅透明；腹部较宽阔，覆盖有白色粉霜。雌性腹部呈黄色且具有丰富的黑色条纹，第8节侧面具有不发达的片状突起。

❀ 习性

雄性领地意识强，常巡逻飞行，并时常停落于水边的植物上。飞行期3~9月。

🌲 生长环境

分布于海拔2000米以下的湿地和水稻田。是县域中低海拔地区常见的蜻蜓。

峨眉绿综蟌
Megalestes omeiensis

蜻蜓目 ODONATA 　　　　　综蟌科 Synlestidae

🦋 形态特征

雄性复眼呈蓝色，体长73~75毫米，腹长59~61毫米，后翅长39~42毫米。头部下唇呈黄色，上唇具有绿色光泽，前唇基呈绿色，前缘中间具有1个褐色斑，后唇基、额、头顶有绿色光泽，触角呈黑色，第2节端部具有1条黄色环。胸部随年龄增长逐渐覆盖白色粉霜，前胸呈黑绿色，具有黄斑；合胸呈绿色，侧面具有黄色条纹；中胸三角及肩缝呈黑色。翅透明，翅痣呈褐色。足基节呈褐色，转节呈黄色，其余部分呈褐色。腹部呈绿色，具有黄色条纹，第9~10节覆盖有白色粉霜。

⚱ 习性

飞行能力较差。雌雄个体有时会联结产卵，成虫出现于6~10月。

🌲 生长环境

分布于森林中的溪流、沟渠和水潭。是县域常见的蜻蜓目物种。

中华糙颈螽
Rudicollaris sinensis

直翅目 ORTHOPTERA　　　　露螽科 Phaneropteridae

🦋 **形态特征**

体形大。前胸背板后缘呈三角形突出。前复翅革质，向端部不明显变尖，翅脉非常明显。雄性摩擦发音音齿从中部向两端渐变小，到达基部或端部时成为不明显的小齿钉，共具有约60个较明显的音齿，在端部具有20~27个不明显的小齿钉。下生殖板纵长，长明显大于基部宽，端缘中央具有小三角形凹，端管稍细长，约为下生殖板长度的1/3。雌性产卵器粗壮，渐上弯，侧表面端部具有规则排列成行的粗糙瘤状突起。通体呈绿色，各足跗节仅爪端部呈浅棕色。前足胫节听器中央呈棕色。各腹节背板基部向后具有倒的大三角形褐色斑，后缘呈绿色。雄性第10腹节背板呈红褐色，尾须、肛侧板、肛上板均为绿色。

💧 **习性**

拟态性较强，喜好躲藏于植物中进食叶片。飞行能力较强，具有趋光性。

🌲 **生长环境**

分布于山区。是县域常见的露螽科物种。

山地似织螽

Hexacentrus hareyamai

直翅目 ORTHOPTERA　　　　　螽斯科 Tettigoniidae

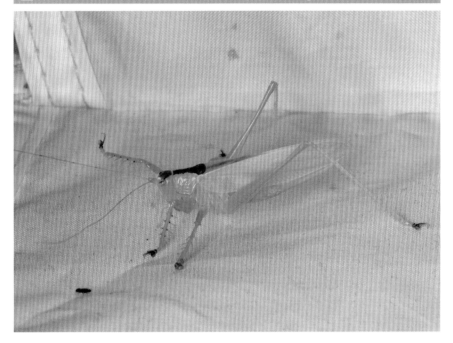

🦋 形态特征

含翅体长35~40毫米，通体呈绿色。头顶短、狭，侧扁，背面具有细沟，侧面观基部呈波状，端部稍向下倾斜。复眼为球形，突出。前胸背板前、后缘微凹，自中部向后扩宽，沟后区近方形；缺侧隆线；侧片后缘倾斜，无肩凹。后翅近等长于前翅。雌性前翅狭，远超过后足股节末端，前后缘近水平；尾须简单、呈圆锥形；产卵瓣较短，稍长于后足股节长的一半，近直，上缘稍向上弯曲；下生殖板近三角形，后缘具有较深的三角形凹口。触角具有黑环。头部背面呈淡褐色。前胸背板背面具有褐色纵带，在沟后区扩宽，纵带边缘镶黑边。雄性前翅发声区大部分区域呈黑褐色。

🌱 习性

喜好捕食各种小昆虫，偶尔进食植物。常夜间活动，雄性善于鸣叫。

🌲 生长环境

分布于植被丰茂的山区。是县域常见的螽斯科物种。

中华蟗螽

Tettigonia chinensis

直翅目 ORTHOPTERA　　　　　蟗螽科 Tettigoniidae

🦋 形态特征

含翅体长55~65毫米。头顶角的长度为第一触角基节的1.3~1.5倍。前翅远超过后足股节端部，长度为前胸背板的6.0~6.2倍，前后缘近平行。左复翅摩擦发音，具有81~83个摩擦发音齿；镜膜近方形；镜膜长3.5毫米。前足股节腹面内缘具有4~9个刺，外缘通常缺刺；前足胫节背面具有3枚外距。中足股节腹面内缘具有0~4个刺，外缘具有7~11个刺；中足胫节背面具有4~5枚内距和2~4枚外距。

💧 习性

杂食，以植物与小昆虫为食。雄性个体在白天和夜晚均会鸣叫。

🌲 生长环境

分布于山区、村镇。是县域常见的蟗螽科物种。

峨眉介竹节虫
Interphasma emeiense

竹节虫目 PHASMIDA　　　竹节虫科 Phasmatidae

形态特征
雌性体长60毫米。中型，通体呈褐色。除纵中脊外，通体具有皱褶并披不规则粒突。头呈椭圆形，背面较平坦，后头有大小不等的较密的粒突；眼间具有1对小瘤状角突，其前有1条横脊；触角分节明显，为16节。前胸背板粒突集中于中央与两侧，中、后胸背与侧面及腹部具有稀疏的粒突与不规则纵皱；中节呈横形。3对足无刺齿，中足股节约与中胸（含中节）等长。腹部第7腹板中突呈宽舌状，盖及腹瓣基部，腹瓣呈舟形，中央具有纵脊，伸达臀节中部；尾须短，不超过腹端。雄性体长55毫米，

体形较雌性瘦长，光滑。眼间稍隆起，后头具有少量粒突，胸部侧缘具有稀疏的粒突。通体呈褐色，眼后与中胸侧缘具有黑纵纹。触角有19节。下生殖板端圆，伸达臀节基部；尾须中央折角下弯。

习性
喜好进食多种植物叶片。通过巧妙的伪装来隐藏自己。

生长环境
分布于湿润山区。是县域常见的竹节虫种类。

珙桐
Davidia involucrata

被子植物（Angiospermae）是种子植物门中物种多样化程度最高、分布最广、适应性最强的一个陆生植物亚门。被子植物的种子被果实包裹而不再裸露，裸子植物的种子外面没有包被，是被子植物与裸子植物最重要的差别。这种差别体现了被子植物更加进步的特征——保护种子，使其更易于传播和发育成新一代的植物体。

被子植物在形态上具有不同于裸子植物所具有的孢子叶球的花；胚珠被包藏于闭合的子房内，由子房发育成果实；子叶 1~2 枚（很少有 3~4 枚）；维管束主要由导管构成；在生殖上配子体大大简化，以最少的分裂次数发育，雌配子体中的颈卵器已不发育；在生态上适应于各种生存条件；在生理功能上具有比裸子植物和蕨类植物强得多的对光能利用的适应性。

被子植物

天南星
Arisaema heterophyllum

泽泻目 ALISMATALES　　　　天南星科 Araceae

🌳 形态特征

块茎呈扁球形。叶片为鸟足状分裂；裂片呈倒披针形或长圆形，基部呈楔形，先端骤狭渐尖，全缘，正面为暗绿色，背面为淡绿色；叶柄呈圆柱形、粉绿色。佛焰苞管部呈圆柱形，外面为粉绿色，内面为绿白色；檐部呈卵形或卵状披针形。肉穗花序两性，雄花序单性；两性花序下部为雌花序，上部为雄花序；单性雄花序为苍白色。雌花呈球形且花柱明显。浆果为黄红色或红色，呈圆柱形。

💧 物候期

花期4~5月，果期7~9月。

🌲 生长环境

分布于海拔1200~1900米的沟边或灌丛。

蝶花开口箭

Rohdea tui

天门冬目 ASPARAGALES　　　天门冬科 Asparagaceae

🌱 **形态特征**

根状茎呈长圆柱形，黄褐色；叶近革质，呈条状披针形，先端渐尖，基部渐狭；鞘叶2~4枚，呈披针形。穗状花序密生多花；苞片呈卵状三角形，先端急尖成小尖头，淡绿色，膜质；花被筒内有褐色斑点；花被喉部向内扩展成环状体，环状体表面密生乳头状突起。

💧 **物候期**

花期6月。

🌲 **生长环境**

分布于海拔1000~2460米的林下或灌木丛中。

大花万寿竹
Disporum megalanthum

百合目 LILIALES　　秋水仙科 Colchicaceae

🌳 形态特征
根状茎短；根肉质；茎直立，中部以上
生叶，有少数分枝。叶纸质，呈卵形、
椭圆形或宽披针形，先端渐尖，基部近
圆形。伞形花序有2~8朵花，着生在茎
和分枝的顶端，以及与上部叶对生的
短枝顶端；花大，白色；花被片斜出，
呈狭倒卵状披针形，先端稍钝。果为浆
果，有4~6粒种子。

💧 物候期
花期5~7月，果期8~10月。

🌲 生长环境
分布于海拔1600~2500米的林下、林
缘或草坡上。

七叶一枝花
Paris polyphylla

⭐ **保护级别**
国家二级重点保护野生
植物。

🌳 **形态特征**
植株高35~100厘米，
无毛。根状茎粗厚，
茎通常带紫红色。叶
5~11枚，为长圆形、
倒卵状长圆形或倒披针
形，绿色。萼片为绿
色，披针形；花瓣为线
形，有时具有短爪，呈
黄绿色，有时基部为黄
绿色，上部为紫色。蒴
果近球形，绿色，不规
则开裂。

💧 **物候期**
花期4~7月，果期
8~11月。

🌲 **生长环境**
分布于612林场、613
林场、614林场和
616林场等地海拔
1400~1900米的阔叶
林中。

长药隔重楼

Paris polyphylla var. *pseudothibetica*

百合目 LILIALES　　　　　藜芦科 Melanthiaceae

⊛ **保护级别**
国家二级重点保护野生植物。

🍃 **物候期**
花期5月。

🌱 **形态特征**
植株高35~90厘米；根状茎粗达8~20毫米。叶7~12枚，呈披针形或倒披针形，先端具有短尖头或渐尖，全缘，基部呈楔形。内轮花被片5枚，条形，与外轮花被片近等长。

🌲 **生长环境**
分布于611林场、612林场、613林场和614林场等地海拔1900~2600米的灌丛阴湿处。

狭叶重楼

Paris polyphylla var. *stenophylla*

📖 百合目 LILIALES   🍃 藜芦科 Melanthiaceae

⭐ **保护级别**

国家二级重点保护野生植物。

🌿 **物候期**

花期6~8月，果期9~10月。

🌱 **形态特征**

多年生草本。叶8~22枚轮生，呈披针形、倒披针形或条状披针形，有时略微弯曲呈镰刀状，先端渐尖，基部呈楔形，具有短叶柄。外轮花被片呈叶状，5~7枚，狭披针形或卵状披针形，先端渐尖，基部渐狭成短柄；内轮花被片呈狭条形，远比外轮花被片长。

🌲 **生长环境**

分布于612林场、613林场和614林场等地海拔2100~2500米的针阔叶混交林。

延龄草
Trillium tschonoskii

百合目 LILIALES　　　藜芦科 Melanthiaceae

🌳 **形态特征**

多年生草本植物。茎丛生于粗短的根状茎上。叶呈菱状圆形或菱形，近无柄。花梗较短，萼片呈卵状披针形，绿色；花瓣呈卵状披针形，白色，少许为淡紫色。浆果呈圆球形，成熟时为黑紫色。

🌼 **物候期**

花期4~6月，果期7~8月。

🌲 **生长环境**

分布于海拔1600~3200米的林下、山谷阴湿处、山坡或路旁岩石下。

三棱虾脊兰
Calanthe tricarinata

📖 天门冬目 ASPARAGALES   🍃 兰科 Orchidaceae

🌿 **形态特征**
地生草本。根状茎不明显。假鳞茎呈圆球状，具有3枚鞘和3~4枚叶。叶在花期时尚未展开，薄纸质，呈椭圆形或倒卵状披针形。总状花序，疏生少数或多数花；花苞片宿存，膜质，呈卵状披针形；花张开，质地薄，萼片和花瓣为浅黄色；萼片呈长圆状披针形；花瓣呈倒卵状披针形；唇瓣为红褐色，基部合生于整个蕊柱翅上，3裂。

💧 **物候期**
花期5~6月。

🌲 **生长环境**
分布于海拔2500~3700米的针叶林下。

大叶杓兰
Cypripedium fasciolatum

天门冬目 ASPARAGALES　　　兰科 Orchidaceae

⊛ **保护级别**
国家二级重点保护野生植物。

🌲 **形态特征**
植株高30~45厘米。茎直立，无毛或在上部近关节处具有短柔毛，基部有数枚鞘，鞘上方有3~4枚叶。叶片为椭圆形或宽椭圆形，先端短渐尖，两面无毛，具有缘毛。花序顶生，通常有1花，极罕有2花；花序柄上端被短柔毛；花苞片呈椭圆形或卵形；花大，有香气，黄色；萼片与花瓣上具有明显的栗色纵脉纹；唇瓣有栗色斑点；花瓣呈线状披针形或宽线形；唇瓣为深囊状，近球形。

◊ **物候期**
花期4~5月。

🐾 **生长环境**
分布于疏林中、山坡灌丛下或草坡上。

峨眉舞花姜
Globba emeiensis

姜目 ZINGIBERALES　　　　　　姜科 Zingiberaceae

🌳 **形态特征**

多年生草本。叶片10~21枚，呈椭圆形或长圆状披针形。圆锥花序有1~3朵花，基部的苞片为黄白色，早落；花为黄色；花萼呈钟状，为紫色或淡黄色；花冠弯曲，裂片呈宽卵形，黄色，常反折。果呈椭圆形或矩圆状卵形。

🌿 **物候期**

花期6~9月，果期7~10月。

🌲 **生长环境**

生于林地沟边、荒坡和路旁阴湿地。

红荚蒾
Viburnum erubescens

川断续目 DIPSACALES   荚蒾科 Viburnaceae

🌳 形态特征

落叶灌木或小乔木，高达6米。当年
生小枝被簇状毛或无毛。冬芽有1对鳞
片。叶纸质，呈椭圆形、矩圆状披针形
或狭矩圆形，顶端渐尖、急尖或呈钝
形，基部呈楔形、钝形、圆形或心形，
边缘（基部除外）具有细锐锯齿。圆锥
花序生于具有1对叶的短枝顶部；萼筒
呈筒状，通常无毛，有时具有红褐色微
腺；萼齿呈卵状三角形，顶钝，无毛或
被簇状微毛；花冠为白色或淡红色，呈
高脚碟状。果实先为紫红色，后转为黑
色，呈椭圆形。

💧 物候期

花期4~6月，果期8月。

🌿 生长环境

分布于海拔2200~2600米的针阔叶混
交林。

枫香树
Liquidambar formosana

虎耳草目 SAXIFRAGALES　　　　蕈树科 Altingiaceae

🌳 **形态特征**

落叶乔木，高达30米。树皮呈灰褐色；小枝干后呈灰色，被柔毛。叶薄革质，呈阔卵形，掌状3裂。雄性短穗状花序常多个排成总状；雌性头状花序有24~43朵花。头状果序呈球形，木质，蒴果下部藏于果序轴内。

🍃 **物候期**

花期3~4月，果期10月。

🌲 **生长环境**

分布于平地、村落附近及低山的次生林。

马蹄芹

Dickinsia hydrocotyloides

🏛 伞形目 APIALES   🍃 伞形科 Apiaceae

🌳 **形态特征**

一年生草本。根状茎短，须根细长。茎直立，无节，光滑。基生叶为圆形或肾形，顶端稍凹入，基部呈深心形，边缘有圆锯齿，无毛或在脉上被短的粗伏毛。总苞片2枚，着生于茎的顶端，叶状，对生；伞形花序有9~40朵花；花柄幼时软弱，果熟时粗壮；花瓣为白色或草绿色，呈卵形。果实背腹扁压，近四棱形。

💧 **物候期**

花果期4~10月。

🌲 **生长环境**

分布于海拔1500~3200米的阴湿林下或水沟边。

红冬蛇菰

Balanophora harlandii

檀香目 SANTALALES　　　蛇菰科 Balanophoraceae

形态特征

草本植物。根茎为灰褐色，呈扁球形或球形，干时脆壳质，通常分枝，表面粗糙，密被小斑点。花茎为红色或红黄色；鳞苞片约7枚，红色，呈卵形或长圆状椭圆形，旋生于花茎上。花雌雄异株；花序呈阔卵形或卵圆形；花被裂片3枚，近圆形或阔三角形；花梗初时不明显或很短，后渐伸长。

物候期

花期9~12月。

生长环境

分布于海拔600~1700米的湿润的杂木林中。

华丽凤仙花
Impatiens faberi

杜鹃花目 ERICALES　　　　凤仙花科 Balsaminaceae

🌲 **形态特征**
一年生草本，近无毛。茎直立，有分枝。叶互生，硬纸质，呈宽卵状披针形或椭圆形。苞片呈披针形；花2朵，花大，为紫红色；侧生萼片2枚，绿色，呈卵形；旗瓣呈圆形；翼瓣无柄，2裂；唇瓣呈角状。蒴果呈狭线形。

💧 **物候期**
花期8~9月。

🌲 **生长环境**
分布于海拔1350~2100米的山坡林缘或路边潮湿处。

纤袅凤仙花

Impatiens imbecilla

杜鹃花目 ERICALES　　　　凤仙花科 Balsaminaceae

🌱 **形态特征**

一年生草本。全株无毛，茎纤细，直立，有分枝。叶互生，叶片膜质，呈卵形或卵状长圆形。总花梗生于上部叶腋，有2朵花，少许仅1朵花；苞片呈状披针形；花中等或小，为浅红色；侧生萼片2枚，呈卵圆形；旗瓣呈圆形，顶端2浅裂；翼瓣无柄，2裂；唇瓣呈角状。蒴果呈线形。

🍃 **物候期**

花期8~9月。

⛰ **生长环境**

分布于海拔1900~2300米的山坡林缘或路旁潮湿处。

紫萼凤仙花

Impatiens platychlaena

 杜鹃花目 ERICALES　　凤仙花科 Balsaminaceae

🌳 形态特征

一年生草本。全株无毛，茎直立，绿色或有时带紫色，分枝。叶互生，叶片近膜质，呈卵状长圆形、卵形或卵状披针形。总花梗着生于茎枝顶端，有1~2朵花，少有3朵花；苞片呈卵形或卵状披针形；花大，通常两色；侧生萼片2枚，呈宽圆形，具有紫色斑点；旗瓣呈圆形，为紫色或黄色；翼瓣无柄，2裂；唇瓣呈深囊状。蒴果呈线形。

🍃 物候期

花期8~9月，果期10月。

🌲 生长环境

分布于林缘、灌木丛中潮湿处或路边林下。

短喙凤仙花

Impatiens rostellata

杜鹃花目 ERICALES　　　凤仙花科 Balsaminaceae

🌳 形态特征

高大草本，全株无毛。茎直立，分枝，小枝纤细。叶互生，叶片硬质，呈卵形或椭圆形。苞片极小，呈卵形；花2朵，为白色、粉红色、黄色或天蓝色；侧生萼片2枚，呈宽卵形；旗瓣呈圆形或宽卵形；翼瓣无柄，2裂；唇瓣檐部呈宽漏斗状或舟状。蒴果呈线形或狭近棒状。

🌢 物候期

花期7~8，果期9月。

🌿 生长环境

分布于海拔1600~2400米的林缘、草丛中、路边阴湿处。

紫花碎米荠

Cardamine tangutorum

十字花目 BRASSICALES 　　　　　十字花科 Brassicaceae

🌳 **形态特征**

多年生草本。根状茎细长，呈鞭状，匍匐生长。茎单一，不分枝。叶呈羽状；小叶3~5对，呈长椭圆形，先端尖，基部呈楔形，有锯齿，无小叶柄，疏生短毛。总状花序有10余朵花；外轮萼片呈长圆形，内轮萼片呈长椭圆形；花瓣为紫红色或淡紫色，呈倒卵状楔形，顶端呈截形，基部渐狭成爪。长角果呈线形，扁平。

💧 **物候期**

花期5~7月，果期6~8月。

🌿 **生长环境**

分布于海拔1600~2000米阔叶林的山沟、草地及林下阴湿处。

豆瓣菜
Nasturtium officinale

📙 **十字花目** BRASSICALES   ≋ **十字花科** Brassicaceae

🌱 **形态特征**
多年生水生或湿生草本，全体光滑无毛。茎匍匐或浮水生，多分枝。奇数羽状复叶，小叶片3~9枚，呈宽卵形、长圆形或近圆形。总状花序顶生，花多数；萼片呈长卵形；花瓣为白色，呈倒卵形或宽匙形。长角果呈扁圆柱形。

💧 **物候期**
花期4~5月，果期6~7月。

🌲 **生长环境**
分布于水沟边、山涧河边、沼泽地或水田中。

铜锤玉带草

Lobelia nummularia

菊目 ASTERALES　　　　桔梗科 Campanulaceae

🌳 **形态特征**

多年生草本，有白色乳汁。茎平卧，被开展的柔毛，不分枝或在基部有长或短的分枝，节上生根。叶互生，呈圆卵形、心形或卵形。花单生于叶腋；花萼呈筒坛状；花冠为紫红色、淡紫色、绿色或黄白色。浆果为紫红色，呈椭圆状球形。

🌢 **物候期**

果期8月。

🌲 **生长环境**

分布于海拔1500~2200米的荒地和草丛。

毛花忍冬
Lonicera trichosantha

🌳 形态特征
落叶灌木，高达5米。枝呈水平状开展，小枝纤细。叶纸质，下面为绿白色，形状变化很大，通常呈矩圆形、卵状矩圆形或倒卵状矩圆形。苞片呈条状披针形，长约等于萼筒；小苞片近圆卵形，顶端近截形，基部略连合；相邻两萼筒分离，无毛，萼檐呈钟形，干膜质；花冠为黄色，呈唇形，常有浅囊。果实由橙黄色转变为橙红色或红色，呈圆形。

💧 物候期
花期5~7月，果熟期8月。

🌲 生长环境
分布于海拔2700~4100米的林下、林缘、河边或田边的灌丛中。

连香树
Cercidiphyllum japonicum

虎耳草目 SAXIFRAGALES　　　连香树科 Cercidiphyllaceae

⊛ **保护级别**
国家二级重点保护野生植物。

◔ **物候期**
花期4~5月，果期9~10月。

🌳 **形态特征**
落叶大乔木，高10~20米。树皮为灰色或棕灰色。小枝无毛，短枝在长枝上对生；芽鳞片为褐色。生于短枝上的叶近圆形、宽卵形或心形，生于长枝上的叶呈椭圆形或三角形。花两性，雄花常4朵丛生，近无梗；苞片在花期为红色，膜质，卵形；雌花2~8朵，丛生。蓇葖果2~4个，呈荚果状，为褐色或黑色。

🌲 **生长环境**
分布于611林场和612林场等地海拔2000~2400米的山谷边缘或林中开阔地带的杂木林中。

　　连香树是被子植物亚门虎耳草目连香树科连香树属的落叶大乔木，树形优美，不仅是优良的彩叶树种，还是第三纪古热带植物的子遗种单科植物，是较古老、原始的木本植物。由于连香树在中国和日本间断分布，因此其对于研究第三纪植物区系起源及中国与日本植物区系的关系有着重要的科研价值。此外，连香树雌雄异株，结实较少，是国家二级重点保护野生植物，被列入《中国植物红皮书》和第一批《国家重点保护野生植物名录》。

连香树主要分布在 611 林场、612 林场等地海拔 2000~2400 米的山谷边缘或林中开阔地带的杂木林中。在调查区域内，母举沟、主沟、二支沟和杉木沟均分布有连香树，且海拔 2100~2300 米分布的连香树数量较多。分布区的气候特点为冬寒夏凉，多数地区雨量多、湿度大；年平均温度为 10~20℃，年降雨量为 500~2000 毫米，平均相对湿度为 80%；土壤为黄壤、棕壤、黄棕壤和红黄壤，呈酸性或微酸性，pH 为 5.4~6.1，有机质含量较丰富（8%~10%）。

连香树幼树生长于林下弱光处，成年树才要求一定的光照条件，耐阴性较强。连香树还具有深根性、抗风性、耐湿性，尤其萌蘖性强，于根基部常萌生多枝。连香树的冬芽于 3 月上旬萌动，3 月下旬 ~4 月上旬为展叶期，10 月中旬以后叶开始变色，11 月中下旬落叶。花于 4 月中旬开放，5 月上旬开始凋落，果实于 9~10 月成熟。

调查结果显示，海拔 2000~2100 米，连香树的相对分布密度是每 1000 平方米 0.500 株；海拔 2100~2200 米，相对分布密度是每 1000 平方米 5.136 株；海拔 2200~2300 米，相对分布密度是每 1000 平方米 5.422 株；海拔 2300~2400 米，相对分布密度是每 1000 平方米 0.250 株；海拔 2400~2500 米，相对分布密度是每 1000 平方米 0.333 株。

胡颓子

Elaeagnus pungens

蔷薇目 ROSALES　　　　　胡颓子科 Elaeagnaceae

🌿 形态特征

常绿直立灌木，高达4米。具有刺，刺顶生或腋生。幼枝呈微扁棱形，密被锈色鳞片；老枝鳞片脱落，为黑色，具有光泽。叶革质，呈椭圆形或阔椭圆形，少有呈矩圆形，两端呈钝形或基部呈圆形，边缘微反卷或呈皱波状，上面幼时具有银白色和少数褐色鳞片，成熟后脱落，下面密被银白色和少数褐色鳞片。花为白色或淡白色，下垂，密被鳞片；萼筒呈圆筒形或漏斗状圆筒形。果实呈椭圆形，幼时被褐色鳞片，成熟时为红色。

🌱 物候期

花期9~12月，果期次年4~6月。

🌲 生长环境

分布于海拔2000~3000米的向阳山坡、沟谷、河边等地。

灯笼树

Enkianthus chinensis

形态特征

落叶灌木或小乔木。幼枝为灰绿色，无毛；老枝为深灰色。芽呈圆柱状。叶常聚生于枝顶，纸质，呈长圆形至长圆状椭圆形。花多数，组成伞房状总状花序；花下垂；花萼5裂，裂片呈三角形；花冠呈阔钟形，为肉红色，口部5浅裂。蒴果呈卵圆形。

物候期

花期5月，果期6~10月。

生长环境

分布于海拔900~3600米的山坡疏林中。

球果假沙晶兰
Monotropastrum humile

🌱 形态特征

多年生腐生草本植物。全株无毛，干后变黑，肉质。根细而分枝，集成鸟巢状，质脆。叶呈鳞片状，无柄，互生，呈长圆形、阔椭圆形、阔倒卵形或披针状长圆形。花单一，顶生，下垂，无色，花冠呈管状钟形；萼片2~5枚，呈长圆形；花瓣3~5枚，呈长方状长圆形。浆果近卵球形或椭圆形。2022年6月中旬，四川黑竹沟国家级自然保护区管理局在挖黑罗霍地区开展大熊猫分布重点区域巡护工作时，首次发现了球果假沙晶兰。球果假沙晶兰对生长环境要求严苛，在野外数量十分稀少。

🌼 物候期

花期6~7月，果期8~9月。

🌿 生长环境

分布于海拔2400~2700米的针阔叶混交林。

树生杜鹃

Rhododendron dendrocharis

🏠 杜鹃花目 ERICALES　　　　　　　　　　🍃 杜鹃花科 Ericaceae

🌳 **形态特征**

灌木，通常附生。分枝细短、密集，幼枝有鳞片且密生棕色刚毛。叶芽鳞早落。叶厚革质，呈椭圆形，顶端钝，有短尖头，基部呈宽楔形或钝形，边缘反卷。花序顶生；花萼5裂，裂片呈卵形；花冠呈宽漏斗状，为鲜玫瑰红色。蒴果呈椭圆形或长圆形。

💧 **物候期**

花期4~6月，果期9~10月。

🌲 **生长环境**

分布于海拔2700~3000米的针叶林，常附生于铁杉树干上。

黄花杜鹃
Rhododendron lutescens

杜鹃花目 ERICALES 杜鹃花科 Ericaceae

形态特征
灌木，高1~3米。幼枝细长，疏生鳞片。叶散生，叶片纸质，呈披针形、长圆状披针形或卵状披针形，上面疏生鳞片，下面鳞片呈黄色或褐色。花1~3朵顶生或生于枝顶叶腋；花萼不发育，波状5裂或环状；花冠呈宽漏斗状，略呈两侧对称，黄色，5裂至中部，裂片呈长圆形，外面疏生鳞片，密被短柔毛。蒴果为圆柱形。

物候期
花期3~4月。

生长环境
分布于海拔2400米的山地灌丛。

地锦草
Euphorbia humifusa

📖 金虎尾目 MALPIGHIALES　　　🍃 大戟科 Euphorbiaceae

🌳 **形态特征**

一年生草本。茎匍匐，自基部以上多分枝，基部常为红色或淡红色，被柔毛。叶对生，呈矩圆形或椭圆形；叶面为绿色；叶背为淡绿色，有时为淡红色；两面被疏柔毛。花序单生于叶腋；总苞呈陀螺状。蒴果呈三棱状卵球形。

🍃 **物候期**

花果期5~10月。

🌲 **生长环境**

分布于原野荒地、路旁、田间、山坡等地。

胡枝子
Lespedeza bicolor

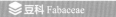

📖 豆目 FABALES　　　　　　　　　　🍃 豆科 Fabaceae

🌳 形态特征

直立灌木，高达3米。多分枝，小枝为黄色或暗褐色，有条棱，被疏短毛；芽呈卵形，具有数枚黄褐色鳞片。羽状复叶具有3枚小叶、2枚托叶；托叶呈线状披针形；小叶质薄，呈卵形、倒卵形或卵状长圆形，上面无毛，下面被疏柔毛，老叶渐无毛。总状花序腋生，常构成大型、较疏松的圆锥花序；小苞片2枚，呈卵形，黄褐色；花萼5浅裂，裂片呈卵形或三角状卵形；花冠为红紫色，极少为白色，旗瓣呈倒卵形。荚果呈斜倒卵形，稍扁。

🍂 物候期

花期7~9月，果期9~10月。

🏔 生长环境

分布于海拔1000米左右的山坡、林缘、路旁、灌丛及杂木林间。

紫雀花
Parochetus communis

豆目 FABALES　　　　豆科 Fabaceae

🌳 **形态特征**
多年生匍匐草本，被稀疏柔毛。根茎呈丝状，节上生根，有根瘤。掌状三出复叶，托叶呈阔披针状卵形，小叶呈倒心形。伞状花序生于叶腋，具有1~3朵花；苞片2~4枚，呈托叶状；花萼呈钟形；花冠为淡蓝色或蓝紫色，偶为白色或淡红色。荚果呈线形。

🌿 **物候期**
花果期4~11月。

🌲 **生长环境**
分布于海拔2000~3000米的林缘草地、山坡、路旁荒地。

獐牙菜
Swertia bimaculata

龙胆目 GENTIANALES　　　龙胆科 Gentianaceae

🌳 **形态特征**

一年生草本植物，高达2米。根细，为棕黄色。茎直立，呈圆形，中空。叶片呈椭圆形或卵状披针形，先端长渐尖，基部钝。大型圆锥状复聚伞花序疏松而开展，多花。花梗较粗；花萼为绿色，裂片呈狭倒披针形或狭椭圆形；花冠为黄色，裂片呈椭圆形或长圆形。蒴果无柄，呈狭卵形。

🍃 **物候期**

花果期6~11月。

🌿 **生长环境**

分布于海拔2000~2700米的针阔叶混交林。

红花龙胆
Gentiana rhodantha

龙胆目 GENTIANALES　　　龙胆科 Gentianaceae

🌲 **形态特征**

多年生草本。根呈细条形，为黄色。茎直立，单生或数个丛生，常带紫色。基生叶为莲座状，呈椭圆形、倒卵形或卵形；茎生叶呈宽卵形或卵状三角形。花单生于茎顶，无花梗；花萼膜质，有时微带紫色；花冠为淡红色，上部有紫色纵纹，呈筒状，上部稍展开，裂片呈卵形或卵状三角形，先端具有细长流苏。蒴果为淡褐色，呈长椭圆形，两端渐狭。

💧 **物候期**

花果期10月~次年2月。

🌿 **生长环境**

分布于海拔1900~2200米的山地灌丛、草地及林下。

蜡莲绣球

Hydrangea strigosa

山茱萸目 CORNALES   绣球科 Hydrangeaceae

🌳 **形态特征**

灌木，高达3米。小枝呈圆柱形或微具四钝棱，为灰褐色，密被糙伏毛。叶纸质，呈长圆形、卵状披针形、倒披针形或长卵形。伞房状聚伞花序大；不育花萼片4~5枚，呈阔卵形、阔椭圆形或近圆形，为白色或淡紫红色；孕性花为淡紫红色，萼筒呈钟状，花瓣呈长卵形。蒴果呈坛状。

💧 **物候期**

花期7~8月，果期11~12月。

🌲 **生长环境**

分布于山谷密林或山坡路旁的疏林或灌丛中。

华西枫杨

Pterocarya macroptera var. *insignis*

壳斗目 FAGALES　　　　　　胡桃科 Juglandaceae

🌳 **形态特征**

乔木，高达25米。树皮呈灰色或暗灰色；小枝呈褐色或暗褐色，具有灰黄色皮孔。奇数羽状复叶，小叶5~13枚，边缘具有细锯齿，上面为绿色，下面浅绿色。雄性柔荑花序3~4条，分别由叶丛下方芽鳞痕的腋内生出；雄花具有被有散生柔毛的苞片。雌性柔荑花序单独顶生于小枝上叶丛上方，初时直立，后来俯垂；雌花具有被有灰白色毡毛的钻形苞片。

💧 **物候期**

花期5月，果期8~9月。

🌿 **生长环境**

分布于611林场、614林场等地海拔1700~2600米的山地阴坡、沟谷两侧坡地上。

华西龙头草
Meehania fargesii

唇形目 LAMIALES　　　唇形科 Lamiaceae

🌳 **形态特征**

多年生草本。直立，具有匍匐茎。茎细弱，不分枝，幼嫩部分通常被短柔毛，而后渐稀，仅节上略密。叶纸质，呈心形、卵状心形或三角状心形。花通常成对着生于茎上部2~3节叶腋，有时形成轮伞花序；苞片呈狭卵形或近披针形，边缘有锯齿；花萼呈管形，口部微张；花冠为淡红色或紫红色，呈管状。

💧 **物候期**

花期4~6月，果期7月。

🌲 **生长环境**

分布于海拔1900~3500米的针阔叶混交林或针叶林。

夏枯草
Prunella vulgaris

唇形目 LAMIALES　　　　唇形科 Lamiaceae

🌳 **形态特征**

多年生草木。根茎匍匐，在节上生须根。茎高达30厘米，基部多分枝，为紫红色。叶呈卵状长圆形或卵圆形。穗状花序；苞片呈宽心形，浅紫色；花萼呈钟形；花冠为紫色、蓝紫色或红紫色。小坚果为黄褐色，呈长圆状卵珠形。

💧 **物候期**

花期4~6月，果期7~10月。

🌲 **生长环境**

分布于海拔2050米的荒坡、草地及路旁等湿润地上。

猫儿屎
Decaisnea insignis

🏛 **毛茛目** RANUNCULALES   🌿 **木通科** Lardizabalaceae

🌳 **形态特征**

落叶灌木，高达5米。茎有圆形或椭圆形的皮孔；枝粗而脆，易断，为黄色；冬芽呈卵圆形，具有2枚鳞片。奇数羽状复叶着生于茎顶，有13~25枚小叶；小叶膜质，呈卵形或卵状长圆形，顶端渐尖，基部呈宽楔形。总状花序或组成圆锥花序，顶生或腋生；两性花，为黄绿色，呈钟状；萼片呈卵状披针形或狭披针形。浆果呈圆柱状，通常微弯曲；幼嫩时为绿色，成熟后变为蓝色或蓝紫色；多浆汁，形如猫屎。

🌢 **物候期**

花期4~6月，果期7~8月。

🌲 **生长环境**

分布于海拔2090米常绿与落叶阔叶混交林的山坡、灌丛或沟谷杂木林下的阴湿处。

油樟
Camphora longepaniculata

樟目 LAURALES　　　樟科 Lauraceae

⊛ **保护级别**
国家二级重点保护野生
植物。

🌳 **形态特征**
乔木，高达20米。树皮
为灰色，光滑。枝条呈
圆柱形，无毛，幼枝纤
细。芽大，呈卵珠形。
叶互生，呈卵形或椭圆
形，薄革质，上面为深
绿色，光亮，下面为灰
绿色，晦暗。圆锥花序
腋生，纤细；花为淡黄
色，有香气；花被筒
呈倒锥形；花被裂片6
枚，呈卵圆形。幼果呈
球形，为绿色。

💧 **物候期**
花期5~6月，果期7~9
月。

🌲 **生长环境**
分布于612林场和614林场海拔1300~1400米的常绿阔叶林。

楠木
Phoebe zhennan

樟目 LAURALES　　　　　樟科 Lauraceae

★ 保护级别
国家二级重点保护野生植物。

🌳 形态特征
大乔木，高30余米，树干通直。小枝被黄褐色或灰褐色柔毛。叶革质，呈椭圆形，先端渐尖，尖头直或呈镰状，基部呈楔形，上面光亮无毛，下面密被短柔毛。聚伞状圆锥花序，被毛；每个伞形花序都有3~6朵花，一般为5朵；花被片外轮呈卵形，内轮呈卵状长圆形。果呈椭圆形。

🌧 物候期
花期4~5月，果期9~10月。

🌿 生长环境
分布于614林场海拔1300~1400米的常绿阔叶林。

千屈菜
Lythrum salicaria

桃金娘目 MYRTALES　　　　千屈菜科 Lythraceae

形态特征
多年生草本。根茎横卧于地下，粗壮；茎直立，多分枝。叶对生或三叶轮生，呈披针形或阔披针形。花组成小聚伞花序，簇生；苞片呈阔披针形或三角状卵形；花瓣6枚，为红紫色或淡紫色，呈倒披针状长椭圆形。蒴果呈扁圆形。

物候期
花期7～9月，果期9~10月。

生长环境
分布于海拔1750米的沟边湿地。

珙桐
Davidia involucrata

山茱萸目 CORNALES　　　　　蓝果树科 Nyssaceae

⊛ **保护级别**
国家一级重点保护野生植物。

物候期
花期4月，果期10月。

🌳 **形态特征**
落叶乔木，高达25米。树皮呈深灰色或深褐色，常裂成不规则的薄片而脱落。叶互生，呈宽卵形或圆形，上面被稀疏的长柔毛，下面密被淡黄色或白色丝状粗毛。两性花与雄花同株，位于花序的顶端，雄花环绕于两性花的周围；两性花基部具有2~3枚大型花瓣状苞片，苞片呈长圆形或倒卵状长圆形；雄花无花萼及花瓣，花药为紫色。果实为长圆形核果，呈紫绿色且具有黄色斑点。

🌲 **生长环境**
分布于612林场、616林场和觉莫海拔2000~2300米沟谷的两侧山坡。

珙桐被誉为"中国的鸽子树",又称"鸽子花树""水梨子",是 1000 万年前新生代第三纪的孑遗植物。在第四纪冰川时期,大部分地区的珙桐相继灭绝,只在中国南方的一些地区有珙桐幸存,成了植物界今天的"活化石"。

珙桐主要分布于 612 林场、616 林场和觉莫海拔 2000~2300 米沟谷的两侧山坡。分布区山势非常陡峻,坡度超过 30°。在实地调查过程中,研究人员分别在二支沟、母举沟、主沟、无名沟、觉莫、616 林场 3 作业区 5 林班和 612 林场附近发现了珙桐,其中,临近 612 林场公路右侧沟内是珙桐分布最为集中的区域。例如,在保护区边界与觉莫集体林区交界处,有 12 株直径约 20 厘米的珙桐较为集中、成小片状地分布在溪沟谷一侧,表明珙桐喜好湿润清凉、遮光不强的生境。

珙桐多生于空气阴湿处,喜中性或微酸性、富含腐殖质的土壤,在干燥多风、日光直射处生长不良,不耐瘠薄土地或干旱气候。幼苗生长缓慢,喜阴湿;成年树喜光。珙桐的伴生树种为野漆、润楠、青冈,下木为方竹、细齿叶柃,地被物一般为蕨类、小赤麻、凤仙花和水蓼等。

珙桐分布区的气候为凉爽湿润型,潮湿多雨,夏凉,冬季较温和;年平均气温为 8.9~15.0℃,1 月平均气温为 0.43~3.60℃,7 月平均气温为 18.4~22.5℃;年降水量为 600.0~2600.9 毫米;大于 10℃ 活动积温为 2897.0~5153.3℃。珙桐分布区的土壤多为山地黄壤和山地黄棕壤,土层较厚,大多是含有大量砾石碎片的坡积物,pH 为 4.5~6.0,基岩为砂岩、板岩和页岩。

调查发现，在保护区海拔 2000~2100 米，珙桐的相对分布密度是每 1000 平方米 9.166 株；海拔 2100~2200 米，相对分布密度是每 1000 平方米 4.198 株；海拔 2200~2300 米，相对分布密度是每 1000 平方米 1.809 株。总体而言，在海拔 2000~2300 米，珙桐的相对分布密度随海拔的上升呈下降趋势。

黑竹沟有着"珙桐漫山、玛瑙铺地"的美誉。每年五月上旬，这里便会有漫山遍野的珙桐花，纯洁的白色将黑竹沟装扮得格外美丽。此外，黑竹沟还有许多双胞胎珙桐树（有人称之为情侣珙桐树）。

美丽芍药
Paeonia mairei

虎耳草目 SAXIFRAGALES　　　芍药科 Paeoniaceae

🌳 形态特征
多年生草本植物。茎高达1米，无毛。叶片为二回三出复叶；顶生小叶呈长圆状卵形或长圆状倒卵形，顶端呈尾状、渐尖，基部呈楔形；侧生小叶呈长圆状狭卵形，基部偏斜。花单生于茎顶；苞片为线状披针形，比花瓣长；萼片5枚，呈宽卵形，为绿色；花瓣为红色，呈倒卵形，顶端呈圆形，有时稍具短尖头。蓇葖果生有黄褐色短毛或近无毛。

🍃 物候期
花期4~5月，果期6~8月。

🌲 生长环境
分布于海拔1500~2700米的山坡林缘阴湿处。

黄药

Ichtyoselmis macrantha

| 🔲 毛茛目 RANUNCULALES | 🍃 罂粟科 Papaveraceae |

🌳 **形态特征**

直立草本。根状茎横走，具有多数有分枝的侧根；茎呈圆柱形，为黄绿色。叶互生于茎上部，叶片呈卵形，三回三出分裂，第一回裂片具有长柄，第二回裂片具有短柄，第三回裂片具有极短柄或无柄，小裂片呈卵形、菱状卵形或披针形。总状花序呈聚伞状，腋生，有3~14朵花，下垂；苞片呈钻形；萼片呈狭长圆状披针形；外花瓣呈舟状，为淡黄绿色或绿白色；内花瓣上半部呈披针形，下半部呈长圆形。蒴果呈狭椭圆形。

🌱 **物候期**

花果期4~7月。

🌲 **生长环境**

分布于海拔1500~2700米的湿润林下。

商陆
Phytolacca acinosa

石竹目 CARYOPHYLLALES　　　　　　商陆科 Phytolaccaceae

🌳 形态特征

多年生草本植物，全株无毛。根肥大，肉质，呈倒圆锥形。茎直立，肉质，呈圆柱形，多分枝。叶片薄纸质，呈长椭圆形或披针状椭圆形，两面散生细小的白色斑点。总状花序顶生或与叶对生，密生多花；花梗基部的苞片呈线形，上部2枚小苞片呈线状披针形，均为膜质；花被片5枚，为白色或黄绿色，呈椭圆形、卵形或长圆形。果序直立，浆果呈扁球形，成熟时为黑色。

💧 物候期

花期5~8月，果期6~10月。

🌲 生长环境

分布于海拔1400~2000米的沟谷、山坡、林下、林缘、路旁。

尼泊尔蓼

Persicaria nepalensis

石竹目 CARYOPHYLLALES　　　　蓼科 Polygonaceae

🌳 **形态特征**

一年生草本。茎外倾或斜上，自基部多分枝。茎下部叶呈卵形或三角状卵形；茎上部叶较小。头状花序，顶生或腋生，基部常具有1枚叶状总苞片；苞片呈卵状椭圆形；花被通常4裂，为淡紫红色或白色，花被片呈长圆形。瘦果呈宽卵形，扁平，双凸，为黑色，密生洼点。

💧 **物候期**

花期5~8月，果期7~10月。

🌲 **生长环境**

分布于海拔1900米阔叶林的山坡、草地、山谷、路旁。

狭叶落地梅

Lysimachia paridiformis var. *stenophylla*

杜鹃花目 ERICALES　　　　　　　　　报春花科 Primulaceae

🌳 **形态特征**

多年生草本植物。根茎粗短，多数簇生，密被锈褐色绒毛；茎呈圆柱形。叶聚生于茎端，呈轮生状，叶片呈狭披针形。花梗较长，萼片呈狭披针形，无毛或有缘毛，疏生黑色腺条。蒴果近球形。

💧 **物候期**

花期5~6月，果期7~9月。

🌲 **生长环境**

分布于海拔1300~1800米的沟边林下、阴湿沟边、灌丛或密林。

显苞过路黄
Lysimachia rubiginosa

杜鹃花目 ERICALES **报春花科** Primulaceae

🌳 **形态特征**

多年生草本。茎直立或基部倾卧生根，被铁锈色柔毛。叶对生，呈卵形或卵状披针形，先端尖锐或短渐尖，基部近圆形或呈宽楔形。花3~5朵，单生于枝端密集的苞腋；苞片呈叶状，为卵形或近圆形；花萼裂片呈窄披针形；花冠为黄色，裂片呈狭长圆形。

💧 **物候期**

花期5月，果期7~8月。

🌲 **生长环境**

分布于海拔1400~1600米的山谷溪旁、林下等阴湿处。

西南银莲花
Anemone davidii

毛茛目 RANUNCULALES　　　毛茛科 Ranunculaceae

🌿 **形态特征**

多年生草本。根状茎横走，节间基生叶
0~3枚，有长柄；叶片呈心状五角形，
三全裂。花葶直立；苞片3枚，有柄，
形状似基生叶；花梗有短柔毛；萼片5
枚，为白色，呈倒卵形，背面疏生柔
毛。瘦果呈卵球形，稍扁，顶端有不明
显的短宿存花柱。

💧 **物候期**

花期5~6月。

🌱 **生长环境**

分布于海拔1700~2700米山地沟谷的
杂木林、竹林或沟边阴湿处，常生于石
上。

驴蹄草
Caltha palustris

📖 **毛茛目** RANUNCULALES　　　　　🍃 **毛茛科** Ranunculaceae

🌿 **形态特征**

多年生草本植物，全部无毛，有多数肉质须根。茎高达48厘米，实心，具有细纵沟，基生叶有长柄。叶片呈圆形、圆肾形或心形，顶端呈圆形，基部呈深心形或基部二裂片互相覆压，边缘全是小齿。单歧聚伞花序生于茎或分枝顶部，有2朵花；苞片呈三角状心形；萼片5枚，为黄色，呈倒卵形或狭倒卵形。果为蓇葖果。

💧 **物候期**

花期5~9月。

🌲 **生长环境**

分布于海拔3700米的高山草甸。

蛇莓

Duchesnea indica

 蔷薇目 ROSALES　　　　　蔷薇科 Rosaceae

🌳 **形态特征**

多年生草本。根茎短、粗壮；匍匐茎多数，有柔毛。小叶呈倒卵形或菱状长圆形，先端圆钝，有钝锯齿。花单生于叶腋；萼片呈卵形，副萼片呈倒卵形；花瓣呈倒卵形，为黄色。瘦果呈卵圆形。

💧 **物候期**

花期6~8月，果期8~10月。

🔥 **生长环境**

分布于海拔1900米的山坡、路边草丛等地的潮湿处。

中华绣线梅

Neillia sinensis

蔷薇目 ROSALES　　　　　　蔷薇科 Rosaceae

🌳 形态特征

灌木，高达2米。小枝呈圆柱形，无毛，幼枝为紫褐色，老枝为暗灰褐色。冬芽呈卵形，先端钝，微被短柔毛或近于无毛，为红褐色。叶片呈卵形或卵状长椭圆形；叶柄微被毛或近于无毛；托叶呈线状披针形或卵状披针形，早落。顶生总状花序，花梗无毛；萼筒为筒状，外面无毛，内面被短柔毛；萼片呈三角形；花瓣呈倒卵形，为淡粉色。蓇葖果呈长椭圆形。

💧 物候期

花期5~6月，果期8~9月。

🌲 生长环境

分布于海拔1600~2500米的山坡、山谷或沟边的杂木林中。

峨眉蔷薇
Rosa omeiensis

蔷薇目 ROSALES　　　　　　蔷薇科 Rosaceae

🌳 **形态特征**

直立灌木。小枝无刺或有扁而基部膨大的皮刺。小叶呈长圆形或椭圆状长圆形；叶轴和叶柄有散生小皮刺；托叶顶端离生部分呈三角状卵形。花单生于叶腋；无苞片；萼片4枚，呈披针形；花瓣4枚，为白色，呈倒三角状卵形。蔷薇果呈倒卵球形或梨形，成熟时为亮红色。

💧 **物候期**

花期5~6月，果期7~9月。

🌲 **生长环境**

分布于海拔2750米的针叶林。

绢毛蔷薇
Rosa sericea

蔷薇目 ROSALES　　　　蔷薇科 Rosaceae

🌳 形态特征
直立灌木。枝粗壮，呈弓形。小叶5~11枚，呈卵形或倒卵形，少有呈倒卵长圆形。花单生于叶腋，无苞片；萼片呈卵状披针形；花瓣为白色，呈宽倒卵形，先端微凹，基部呈宽楔形；蔷薇果呈倒卵球形或球形，为红色或紫褐色。

💧 物候期
花期5~6月，果期7~8月。

🌲 生长环境
分布于海拔2850米的针叶林。

羽萼悬钩子

Rubus pinnatisepalus

蔷薇目 ROSALES　　　　　蔷薇科 Rosaceae

🌳 形态特征

藤状灌木，高达1米。有匍匐茎；小枝被绒毛状长柔毛和刺毛状小刺。单叶，呈圆形或宽卵形，顶端圆钝或急尖，基部呈心形，上面疏生长柔毛，下面被灰白色绒毛。花有时呈顶生短总状花序，有时数朵腋生或单生；萼片呈长卵形或卵状披针形；花瓣呈宽倒卵形或近圆形，为白色。聚合果近球形，为红色，无毛。

💧 物候期

花期6~7月，果期9~10月。

🌲 生长环境

分布于海拔3000米的山地溪旁或杂木林。

川莓
Rubus setchuenensis

形态特征

落叶灌木，高达3米。小枝呈圆柱形，密被淡黄色绒毛状柔毛，无刺。单叶，叶片近圆形或呈宽卵形，上面粗糙无毛，下面密被灰白色绒毛；托叶离生，呈卵状披针形，早落。狭圆锥花序，顶生或腋生或少花簇生于叶腋；苞片与托叶相似；萼片呈卵状披针形；花瓣呈倒卵形或近圆形，为紫红色。果呈半球形，为黑色，无毛。

物候期

花期7~8月，果期9~10月。

生长环境

分布于海拔1600~2000米的山坡、路旁、林缘或灌丛中。

房县槭

Acer sterculiaceum subsp. *franchetii*

🏛 无患子目 SAPINDALES　　　🍃 无患子科 Sapindaceae

🌳 **形态特征**

落叶乔木，高达15米。树皮为深褐色。叶纸质，基部呈心形，少有呈圆形，通常3裂，少有5裂，边缘有不规则的锯齿。总状花序或总状圆锥花序，侧生；花单性，雌雄异株；萼片5枚，呈长卵圆形；花瓣5枚，为黄绿色。坚果近球形，为褐色。

🌿 **物候期**

花期5月，果期9月。

🌲 **生长环境**

分布于海拔1800~2400米的山地灌丛。

鄂西虎耳草
Saxifraga unguipetala

虎耳草目 SAXIFRAGALES　　　虎耳草科 Saxifragaceae

🌱 形态特征

多年生草本，高约5厘米。小主轴反复分枝，叠结呈座垫状。花茎密被腺毛。小主轴之叶密集，呈莲座状，肉质，近长圆状匙形；茎生叶约7枚，呈狭长圆形或长圆状匙形。花单生于茎顶；花梗密被腺毛；萼片在花期直立，革质，呈阔卵形；花瓣为白色，呈椭圆形、倒卵形或倒阔卵形。

💧 物候期

花期7~8月。

🏔 生长环境

分布于海拔3200~4300米的岩壁石隙。

黄水枝
Tiarella polyphylla

 虎耳草目 SAXIFRAGALES　　　　虎耳草科 Saxifragaceae

🌳 形态特征
多年生草本。根状茎横走，为深褐色。茎不分枝，密被腺毛。基生叶叶片呈心形，先端急尖，基部呈心形；茎生叶通常2~3枚，与基生叶同型。总状花序密被腺毛；萼片在花期直立，呈卵形，无花瓣。

🌧 物候期
花果期4~11月。

🔥 生长环境
分布于海拔1800~2600米阔叶林的林下、灌丛和阴湿地。

水青树
Tetracentron sinense

昆栏树目 TROCHODENDRALES　　昆栏树科 Trochodendraceae

⊛ **保护级别**
国家二级重点保护野生植物。

🌳 **形态特征**
乔木，高可达30米，全株无毛。树皮
为灰褐色或灰棕色，且略带红色，片状
脱落。长枝顶生，细长，幼枝为暗红褐
色；短枝侧生，呈距状，基部有叠生的
环状叶痕及芽鳞痕。叶片呈卵状心形，
顶端渐尖，基部呈心形，边缘有细锯
齿。花小，呈穗状花序，花序下垂，着
生于短枝顶端，多花；花被为淡绿色或
黄绿色。果呈长圆形，为棕色，沿背缝
线开裂。

🌢 **物候期**
花期6~7月，果期9~10月。

🌲 **生长环境**
分布于海拔1700~3500米的沟谷林及
溪边杂木林中。

瘿椒树

Tapiscia sinensis

腺椒树目 HUERTEALES　　　　瘿椒树科 Tapisciaceae

🌳 形态特征

落叶乔木。树皮为灰黑色或灰白色；小枝无毛；芽呈卵形。奇数羽状复叶，小叶呈狭卵形或卵形，上面为绿色，背面带灰白色。圆锥花序，腋生，雄花与两性花异株；花小，为黄色，有香气；两性花花萼呈钟状；花瓣5枚，呈狭倒卵形。核果近球形或呈椭圆形。

💧 物候期

花期6~7月，果期8~9月。

🌲 生长环境

分布于山坡沟边林中或林缘、路旁。

在马里冷旧，有这样一棵树龄约为 1500 年的古树——瘿椒树。瘿椒树是第三纪代表植物（第三纪始于 6500 万年前，大约延续了 6300 万年），是第三纪子遗种，被列为国家珍稀濒危保护植物。第三纪的很多植物在经过第四纪冰川后都已经消亡绝迹，而瘿椒树却延续至今，被称为"植物活化石"。

瘿椒树高 20~30 米，树皮具有清香，花小且多，许多小黄花排成腋生的圆锥花序，散发出阵阵幽香。瘿椒树是罕见的雄全异株植物，它的种群包括两种类型的植株：雄树和两性树，其中雄树只结雄花，两性树可以结两性花或雄花；雄树的寿命比两性树长得多。瘿椒树的果实形似花椒，果实成熟后，果皮表面会渐变成暗褐色或深褐色；果实含有芳香物质，因此会散发出一种特殊的清新、微甜气味。

瘿椒树的"瘿"与"影"同音，指植物组织因受到昆虫或其他生物刺激而不正常增生的现象。由于瘿椒树的果实常被虫瘿侵袭，加上瘿椒树的球形核果、圆锥果序都与花椒相似，故名瘿椒。此外，瘿椒树羽状复叶互生，叶背面具有白粉，微风拂过，叶片舞动似银鹊，因此又名银鹊树。瘿椒树树姿美观，秋日叶呈黄色，因此还可作为园林绿化树种。

瘿椒树为我国特有的古老树种，对研究我国亚热带植物区系与瘿椒树科的系统发育具有一定的科学价值。

马鞭草
Verbena officinalis

🌳 **形态特征**
多年生草本。茎呈四方形，节和棱上有硬毛。叶片呈卵圆形、倒卵形或长圆状披针形。穗状花序，顶生或腋生，花小，开花时密集，结果时疏离；苞片稍短于花萼，具有硬毛；花萼长约2毫米，有硬毛；花冠为淡紫色或蓝色，微被毛。小坚果呈长圆形。

🌿 **物候期**
花期6~8月，果期7~10月。

🌱 **生长环境**
分布于海拔1750米的路边、山坡、溪边或林旁。

裸子植物（Gymnospermae）是种子植物门的一个亚门，既是颈卵器植物，又是种子植物。该类植物的主要特征为孢子体发达，胚珠裸露，具有颈卵器，传粉时花粉直达胚珠，具有多胚现象。

裸子植物为多年生木本植物，大多为单轴分枝的高大乔木，少为灌木，极少为藤本；次生木质部几乎全由管胞组成，少有导管。叶多呈线形、针形或鳞形，少呈羽状全裂、扇形、阔叶形、带状或膜质鞘状。花单性，雌雄异株或同株；小孢子叶球（雄球花）具有多数小孢子叶（雄蕊），每个小孢子叶下面生有贮满小孢子（花粉）的小孢子囊（花粉囊）。大孢子叶（珠鳞、珠托、珠领、套被）不形成封闭的子房，着生一至多枚裸露的胚珠，多数丛生于树干顶端或生于轴上形成大孢子叶球（雌球花）；胚珠直立或倒生，由胚囊、珠心和珠被组成，顶端有珠孔。种子裸露于种鳞之上，或被变态大孢子叶发育的假种皮所包，其胚由雌配子体的卵细胞受精而成，胚乳由雌配子体的其他部分发育而成，种皮由珠被发育而成；胚具有两枚或多枚子叶。

裸
子
植
物

冷杉
Abies fabri

冷杉
Abies fabri

松目 PINALES　　　　　　　松科 Pinaceae

🌳 形态特征

乔木，高达40米。树皮为灰色或深灰色，裂成不规则的薄片固着于树干上。大枝斜上伸展，一年生枝为淡褐黄色、淡灰黄色或淡褐色，二、三年生枝为淡褐灰色或褐灰色。冬芽呈圆球形或卵圆形，有树脂。叶呈条形，直或微弯，边缘微反卷，先端有凹缺或钝，上面为光绿色，下面有两条粉白色气孔带。球果呈卵状圆柱形或短圆柱形，基部稍宽，顶端圆或微凹，有短梗，成熟时为暗黑色或淡蓝黑色。

🍃 物候期

花期5月，球果10月成熟。

🌲 生长环境

分布于海拔2000~3800米的高山上。

油麦吊云杉
Picea brachytyla var. *complanata*

松目 PINALES　　松科 Pinaceae

🌲 **形态特征**

乔木，高达30米。树皮为淡灰色或灰色，裂成薄鳞状块片脱落。大枝平展，树冠呈尖塔形；侧枝细而下垂。冬芽常呈卵圆形或卵状圆锥形，芽鳞排列紧密。小枝上面的叶呈覆瓦状向前伸展，两侧及下面的叶排成两列；叶呈条形，扁平，微弯或直。球果呈矩圆状圆柱形或圆柱形，成熟前为红褐色、紫褐色或深褐色。

◗ **物候期**

花期4~5月，球果9~10月成熟。

🌲 **生长环境**

分布于613林场和615林场海拔2470米的针叶林。

红豆杉
Taxus wallichiana var. *chinensis*

🏛 柏目 CUPRESSALES　　　　　　🍃 红豆杉科 Taxaceae

⭐ **保护级别**
国家一级重点保护野生植物。

🌳 **形态特征**
常绿乔木，高达30米。树皮为灰褐色、
红褐色或暗褐色，裂成条片脱落。大枝
开展，一年生枝为绿色或淡黄绿色，秋
季变成绿黄色或淡红褐色，二、三年生
枝为黄褐色、淡红褐色或灰褐色。冬芽
为黄褐色、淡褐色或红褐色，有光泽，
芽鳞呈三角状卵形。叶排列成两列，呈
条形，微弯或较直，上部微渐窄，先端
常微急尖，上面为深绿色，有光泽，下

面为淡黄绿色。雌雄异株，雄球花为淡
黄色。种子呈卵圆形，微扁。

💧 **物候期**
花期4~5月，种子9~10月成熟。

🌲 **生长环境**
分布于海拔2100~2600米的针阔叶混
交林中。

红豆杉是经过第四纪冰川遗留下来的古老子遗树种，在地球上已有 250 万年的历史，被称作"植物界的大熊猫"。由于红豆杉在自然条件下生长速度缓慢、再生能力差，所以很长时间以来，世界范围内都没有形成大规模的红豆杉原料林基地。

红豆杉是世界上公认的濒临灭绝的天然珍稀抗癌植物，其药用价值主要体现在它的提取物，即次生代谢衍生物紫杉醇中。紫杉醇最早是从短叶红豆杉的树皮中分离出来的抗肿瘤活性成分，是治疗转移性卵巢癌和乳腺癌效果较好的药物之一，对肺癌和食道癌具有疗效，也对肾炎及细小病毒炎症有明显的抑制作用。红豆杉的

根、茎、叶皆可入药，可治疗尿不畅、消除肿痛，还可用于女性产后调理和治疗月经不调。

红豆杉为耐阴树种，多在庇荫处缓慢生长，适应性较强，在我国南北方均可种植，喜凉爽湿润的气候、耐寒、怕涝，要求生长的土壤疏松、肥沃且排水性良好，以沙质土壤为佳。调查显示，红豆杉分布的局部地形地貌不具有规律性。在土质比较疏松、肥沃的微酸性土壤，以及河滩冲积地和坡体的山脊及上、中、下地段，红豆杉都可能自然更新成活，生长状况一般都属于健康级别。

调查发现，红豆杉主要分布在海拔 2100~2600 米的针阔叶混交林中，在母举沟、杉木沟和无名沟区域均有分布。在保护区海拔 2100~2200米，红豆杉的相对分布密度是每 1000 平方米 0.333 株；海拔 2200~2300 米，相对分布密度是每 1000 平方米 0.691株；海拔 2300~2400 米，相对分布密度是每 1000 平方米

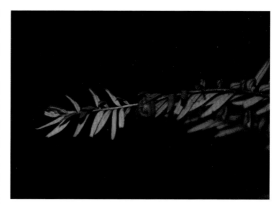

1.538 株；海拔 2400~2500 米，相对分布密度是每 1000 平方米 1.304 株；海拔 2500~2600 米，相对分布密度是每 1000 平方米 0.453 株。

南方红豆杉
Taxus wallichiana var. *mairei*

柏目 CUPRESSALES　　　　红豆杉科 Taxaceae

⭐ **保护级别**
国家一级重点保护野生植物。

🌱 **形态特征**
与红豆杉的区别主要在于本种叶常较宽且长，多呈弯镰状，上部常渐窄，先端渐尖；叶背面中脉明显，其色泽与气孔带相异，中脉上无乳头状突起或有少量乳突，为淡黄绿色或绿色，绿色边带亦较宽且明显。种子通常较大，微扁，多呈倒卵圆形。

💧 **物候期**
花期4~5月，种子9~10月成熟。

🌲 **生长环境**
分布于615林场海拔1700~1900米的阔叶林。

石松类植物（Lycopodiophyta）是从苔藓植物向蕨类植物和种子植物进化的重要过渡类群，是研究植物重要器官（如根、真叶等）的形成及植物世代交替进化中不可或缺的一环。石松类植物是陆生维管植物中的一个特殊类群，代表高等植物的一种独立的演化路线。石松类植物具有根、茎、叶的分化，植物体是典型的两歧式分枝，孢子囊单生于叶腋或叶腹面近基处，有的种类聚集成疏松的孢子叶穗，孢子同型或异型。

石松类植物大约出现于早泥盆世（距今约 4.19 亿年 ~4.07 亿年），中泥盆世遍及世界各大洲，石炭纪时期最为繁盛，是当时主要的造煤植物之一，中生代和新生代仅存少数属种。现仅存石松科、卷柏科、石杉科和水韭科四大类，共 1000 余种。

蕨类植物（Pteridophyta）是植物界的一门，其根、茎、叶中具有真正的维管组织，以孢子繁殖。绝大多数蕨类植物的叶片下表面长有孢子囊，并聚集成各式各样的斑点或线条状的孢子囊群，初生时为绿色，成熟时为锈黄色；有的裸露，有的具有各种形状的盖。蕨类植物不开花结果，一般在外形上难以区别于种子植物。蕨类植物形态多样，包含从高不到 5 毫米的微小草本，到高达 20 米的乔木状植物。

石松和蕨类

大叶贯众
Cyrtomium macrophyllum

石松
Lycopodium japonicum

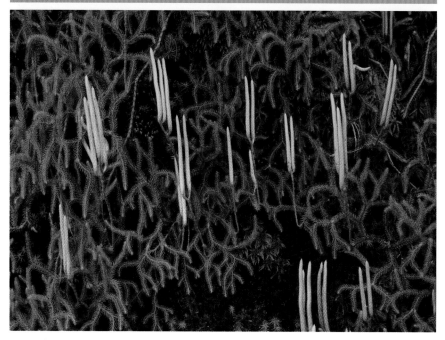

🌲 **形态特征**

多年生土生植物。匍匐茎地上生，细长横走，2~3回分叉，为绿色，被稀疏的叶；侧枝直立，多回二叉分枝。叶呈螺旋状排列，密集，上斜，为披针形或线状披针形。孢子叶呈阔卵形；孢子囊生于孢子叶腋，略外露，呈圆肾形，为黄色。

💧 **物候期**

孢子期7~8月。

🌿 **生长环境**

分布于海拔2350米的林下、灌丛、草坡、路边或岩石上。

大叶贯众

Cyrtomium macrophyllum

水龙骨目 POLYPODIALES　　　　**鳞毛蕨科 Dryopteridaceae**

🌿 形态特征

植株高约60厘米；根茎
直立，密被披针形黑棕
色鳞片。叶簇生；叶柄
下部密生卵形及披针形
黑棕色鳞片，向上近光
滑；叶片呈矩圆卵形或
狭矩圆形，奇数一回羽
状，侧生羽片3~8对，
互生；叶为厚纸质，上
面光滑，背面有时疏生
披针形棕色小鳞片。孢
子囊群遍布羽片背面；
囊群盖呈圆形，盾状，
全缘。

💧 物候期

孢子期5~8月。

🌲 生长环境

分布于海拔1200~
3500米的山坡、溪沟
边、灌木丛或林下。

里白
Diplopterygium glaucum

里白目 GLEICHENIALES　　　　　里白科 Gleicheniaceae

🌳 形态特征

植株高约1.5米。根状茎横走，被鳞片。枝柄光滑，为暗棕色。一回羽片对生，呈长圆形；小羽片22~35对，近对生或互生，呈线状披针形；叶草质，上面为绿色，无毛，下面为灰白色，沿小羽轴及中脉疏被锈色短星状毛，后变无毛。孢子囊呈圆形，生于上侧小脉上。

🌲 生长环境

分布于海拔1550米阔叶林的林下阴处。

桂皮紫萁

Osmundastrum cinnamomeum

紫萁目 OSMUNDALES　　　**紫萁科** Osmundaceae

形态特征

陆生蕨类。根状茎短粗、直立，或成粗肥、圆柱状的主轴，顶端有叶丛簇生。叶二型；不育叶呈长圆形或狭长圆形，二回羽状深裂；羽片20对或更多，呈披针形。能育叶比不育叶短，密被红棕色绒毛，叶片紧缩，下面密被暗棕色孢子囊。

物候期

孢子期5月。

生长环境

分布于沼泽地或潮湿山谷。

附录

以下附录为本书所列的野生动植物名录，重点列出各物种的保护级别和濒危等级。其中，保护级别依据《国家重点保护野生动物名录》《国家重点保护野生植物名录》和《四川省重点保护野生动物名录》划定，一级表示国家一级重点保护野生动物或国家一级重点保护野生植物，二级表示国家二级重点保护野生动物或国家二级重点保护野生植物，省重点表示四川省重点保护野生动物；濒危等级依据《世界自然保护联盟濒危物种红色名录》划定，本名录中包括濒危（Endangered，EN）、易危（Vulnerable，VU）、近危（Near Threatened，NT）、无危（Least Concern，LC）和数据缺乏（Data Deficient，DD）。"/"表示未划定保护级别或濒危等级。附录数据截至本书出版时。

附录一 本书所列野生动物名录

序号	中文名	学名	保护级别	濒危等级
1	大熊猫	*Ailuropoda melanoleuca*	一级	VU
2	大灵猫	*Viverra zibetha*	一级	LC
3	林麝	*Moschus berezovskii*	一级	EN
4	四川羚牛	*Budorcas tibetanus*	一级	/
5	藏酋猴	*Macaca thibetana*	二级	NT
6	赤狐	*Vulpes vulpes*	二级	LC
7	黑熊	*Ursus thibetanus*	二级	VU
8	小熊猫	*Ailurus fulgens*	二级	EN
9	黄喉貂	*Martes flavigula*	二级	LC
10	水獭	*Lutra lutra*	二级	NT
11	豹猫	*Prionailurus bengalensis*	二级	LC
12	毛冠鹿	*Elaphodus cephalophus*	二级	NT
13	水鹿	*Cervus equinus*	二级	VU
14	岩羊	*Pseudois nayaur*	二级	LC
15	中华斑羚	*Naemorhedus griseus*	二级	/
16	甘肃鼹	*Scapanulus oweni*	/	LC
17	黄腹鼬	*Mustela kathiah*	/	LC
18	猪獾	*Arctonyx collaris*	/	VU
19	野猪	*Sus scrofa*	/	LC
20	滇攀鼠	*Vernaya fulva*	/	LC
21	四川山鹧鸪	*Arborophila rufipectus*	一级	EN
22	白腹锦鸡	*Chrysolophus amherstiae*	二级	LC
23	血雉	*Ithaginis cruentus*	二级	LC
24	红腹角雉	*Tragopan temminckii*	二级	LC

续表

序号	中文名	学名	保护级别	濒危等级
25	白鹇	*Lophura nycthemera*	二级	LC
26	雀鹰	*Accipiter nisus*	二级	LC
27	凤头鹰	*Accipiter trivirgatus*	二级	LC
28	松雀鹰	*Accipiter virgatus*	二级	LC
29	普通鵟	*Buteo japonicus*	二级	LC
30	黑鸢	*Milvus migrans*	二级	LC
31	鹰雕	*Nisaetus nipalensis*	二级	NT
32	红隼	*Falco tinnunculus*	二级	LC
33	黑颈鹤	*Grus nigricollis*	一级	NT
34	灰鹤	*Grus grus*	二级	LC
35	楔尾绿鸠	*Treron sphenurus*	二级	LC
36	长耳鸮	*Asio otus*	二级	LC
37	领鸺鹠	*Glaucidium brodiei*	二级	LC
38	斑头鸺鹠	*Glaucidium cuculoides*	二级	LC
39	领角鸮	*Otus lettia*	二级	LC
40	红角鸮	*Otus sunia*	二级	LC
41	灰林鸮	*Strix aluco*	二级	LC
42	大噪鹛	*Garrulax maximus*	二级	LC
43	四川旋木雀	*Certhia tianquanensis*	二级	LC
44	珠颈斑鸠	*Spilopelia chinensis*	/	LC
45	大杜鹃	*Cuculus canorus*	/	LC
46	大拟啄木鸟	*Psilopogon virens*	/	LC
47	赤胸啄木鸟	*Dryobates cathpharius*	/	LC
48	星鸦	*Nucifraga caryocatactes*	/	LC
49	喜鹊	*Pica serica*	/	LC
50	红嘴蓝鹊	*Urocissa erythroryncha*	/	LC
51	褐冠山雀	*Lophophanes dichrous*	/	LC
52	煤山雀	*Periparus ater*	/	LC
53	黑短脚鹎	*Hypsipetes leucocephalus*	/	LC
54	黄臀鹎	*Pycnonotus xanthorrhous*	/	LC
55	栗头树莺	*Cettia castaneocoronata*	/	LC
56	黑眉长尾山雀	*Aegithalos bonvaloti*	/	LC
57	斑胸短翅蝗莺	*Locustella thoracica*	/	LC
58	灰眶雀鹛	*Alcippe davidi*	/	/
59	白喉噪鹛	*Pterorhinus albogularis*	/	LC
60	褐鸦雀	*Cholornis unicolor*	/	LC
61	红嘴鸦雀	*Conostoma aemodium*	/	LC
62	灰头雀鹛	*Fulvetta cinereiceps*	/	LC
63	灰腹绣眼鸟	*Zosterops palpebrosus*	/	LC
64	栗臀䴓	*Sitta nagaensis*	/	LC
65	红翅旋壁雀	*Tichodroma muraria*	/	LC

续表

序号	中文名	学名	保护级别	濒危等级
66	霍氏旋木雀	*Certhia hodgsoni*	/	LC
67	小燕尾	*Enicurus scouleri*	/	LC
68	金色林鸲	*Tarsiger chrysaeus*	/	LC
69	紫啸鸫	*Myophonus caeruleus*	/	LC
70	灰鹡鸰	*Motacilla cinerea*	/	LC
71	黄头鹡鸰	*Motacilla citreola*	/	LC
72	树鹨	*Anthus hodgsoni*	/	LC
73	黄颈拟蜡嘴雀	*Mycerobas affinis*	/	LC
74	灰头灰雀	*Pyrrhula erythaca*	/	/
75	黄喉鹀	*Emberiza elegans*	/	LC
76	大渡攀蜥	*Diploderma daduense*	/	/
77	铜蜓蜥	*Sphenomorphus indicus*	/	LC
78	大眼斜鳞蛇	*Pseudoxenodon macrops*	/	LC
79	乌梢蛇	*Ptyas dhumnades*	/	LC
80	山溪鲵	*Batrachuperus pinchonii*	二级	VU
81	大凉螈	*Liangshantriton taliangensis*	二级	VU
82	中华蟾蜍	*Bufo gargarizans*	/	LC
83	棘腹蛙	*Quasipaa boulengeri*	/	VU
84	绿臭蛙	*Odorrana margaretae*	/	LC
85	峨眉树蛙	*Rhacophorus omeimontis*	/	LC
86	穹宇萤	*Pygoluciola qingyu*	/	/
87	星天牛	*Anoplophora chinensis*	/	/
88	蓝边矛丽金龟	*Callistethus plagiicollis*	/	/
89	三刺钳蝎	*Forcipula trispinosa*	/	/
90	胡蝉	*Graptopsaltria tienta*	/	/
91	斑透翅蝉	*Hyalessa maculaticollis*	/	/
92	斑衣蜡蝉	*Lycorma delicatula*	/	/
93	大绢斑蝶	*Parantica sita*	/	/
94	中国枯叶尺蛾	*Gandaritis sinicaria*	/	/
95	青辐射尺蛾	*Iotaphora admirabilis*	/	/
96	窄斑翠凤蝶	*Papilio arcturus*	/	/
97	东亚豆粉蝶	*Colias poliographus*	/	/
98	大展粉蝶	*Pieris extensa*	/	/
99	构月天蛾	*Parum colligata*	/	/
100	锥腹蜻	*Acisoma panorpoides*	/	LC
101	褐肩灰蜻	*Orthetrum internum*	/	/
102	峨眉绿综螅	*Megalestes omeiensis*	省重点	DD
103	中华糙颏螽	*Rudicollaris sinensis*	/	/
104	山地似织螽	*Hexacentrus hareyamai*	/	/
105	中华螽蜥	*Tettigonia chinensis*	/	/
106	峨眉介竹节虫	*Interphasma emeiense*	/	/

附录二 本书所列野生植物名录

序号	中文名	学名	保护级别	濒危等级
1	天南星	*Arisaema heterophyllum*	/	LC
2	蝶花开口箭	*Rohdea tui*	/	/
3	大花万寿竹	*Disporum megalanthum*	/	/
4	七叶一枝花	*Paris polyphylla*	二级	VU
5	长药隔重楼	*Paris polyphylla* var. *pseudothibetica*	二级	/
6	狭叶重楼	*Paris polyphylla* var. *stenophylla*	二级	/
7	延龄草	*Trillium tschonoskii*	/	EN
8	三棱虾脊兰	*Calanthe tricarinata*	/	/
9	大叶杓兰	*Cypripedium fasciolatum*	二级	EN
10	峨眉舞花姜	*Globba emeiensis*	/	/
11	红荚蒾	*Viburnum erubescens*	/	/
12	枫香树	*Liquidambar formosana*	/	LC
13	马蹄芹	*Dickinsia hydrocotyloides*	/	/
14	红冬蛇菰	*Balanophora harlandii*	/	/
15	华丽凤仙花	*Impatiens faberi*	/	/
16	纤袅凤仙花	*Impatiens imbecilla*	/	/
17	紫萼凤仙花	*Impatiens platychlaena*	/	/
18	短喙凤仙花	*Impatiens rostellata*	/	/
19	紫花碎米荠	*Cardamine tangutorum*	/	/
20	豆瓣菜	*Nasturtium officinale*	/	LC
21	铜锤玉带草	*Lobelia nummularia*	/	/
22	毛花忍冬	*Lonicera trichosantha*	/	/
23	连香树	*Cercidiphyllum japonicum*	二级	LC
24	胡颓子	*Elaeagnus pungens*	/	LC
25	灯笼树	*Enkianthus chinensis*	/	LC
26	球果假沙晶兰	*Monotropastrum humile*	/	/
27	树生杜鹃	*Rhododendron dendrocharis*	/	/
28	黄花杜鹃	*Rhododendron lutescens*	/	/
29	地锦草	*Euphorbia humifusa*	/	/
30	胡枝子	*Lespedeza bicolor*	/	/
31	紫雀花	*Parochetus communis*	/	LC
32	獐牙菜	*Swertia bimaculata*	/	/
33	红花龙胆	*Gentiana rhodantha*	/	/
34	蜡莲绣球	*Hydrangea strigosa*	/	/
35	华西枫杨	*Pterocarya macroptera* var. *insignis*	/	/
36	华西龙头草	*Meehania fargesii*	/	/
37	夏枯草	*Prunella vulgaris*	/	LC

续表

序号	中文名	学名	保护级别	濒危等级
38	猫儿屎	*Decaisnea insignis*	/	/
39	油樟	*Camphora longepaniculata*	二级	/
40	楠木	*Phoebe zhennan*	二级	VU
41	千屈菜	*Lythrum salicaria*	/	LC
42	珙桐	*Davidia involucrata*	一级	/
43	美丽芍药	*Paeonia mairei*	/	/
44	黄药	*Ichtyoselmis macrantha*	/	/
45	商陆	*Phytolacca acinosa*	/	/
46	尼泊尔蓼	*Persicaria nepalensis*	/	/
47	狭叶落地梅	*Lysimachia paridiformis* var. *stenophylla*	/	/
48	显苞过路黄	*Lysimachia rubiginosa*	/	/
49	西南银莲花	*Anemone davidii*	/	/
50	驴蹄草	*Caltha palustris*	/	LC
51	蛇莓	*Duchesnea indica*	/	/
52	中华绣线梅	*Neillia sinensis*	/	/
53	峨眉蔷薇	*Rosa omeiensis*	/	/
54	绢毛蔷薇	*Rosa sericea*	/	/
55	羽萼悬钩子	*Rubus pinnatisepalus*	/	/
56	川莓	*Rubus setchuenensis*	/	/
57	房县槭	*Acer sterculiaceum* subsp. *franchetii*	/	/
58	鄂西虎耳草	*Saxifraga unguipetala*	/	/
59	黄水枝	*Tiarella polyphylla*	/	/
60	水青树	*Tetracentron sinense*	二级	DD
61	瘿椒树	*Tapiscia sinensis*	/	VU
62	马鞭草	*Verbena officinalis*	/	/
63	冷杉	*Abies fabri*	/	VU
64	油麦吊云杉	*Picea brachytyla* var. *complanata*	/	/
65	红豆杉	*Taxus wallichiana* var. *chinensis*	一级	/
66	南方红豆杉	*Taxus wallichiana* var. *mairei*	一级	/
67	石松	*Lycopodium japonicum*	/	/
68	大叶贯众	*Cyrtomium macrophyllum*	/	/
69	里白	*Diplopterygium glaucum*	/	/
70	桂皮紫萁	*Osmundastrum cinnamomeum*	/	LC

主要参考文献

[01] 夏武平. 中国动物图谱·兽类[M]. 2版. 北京：科学出版社，1988.

[02] 汪松. 中国濒危动物红皮书·兽[M]. 北京：科学出版社，1998.

[03] 杨奇森，岩崑. 中国兽类彩色图谱[M]. 北京：科学出版社，2007.

[04] 马晓锋. 中国西南野生动物图谱·哺乳动物卷[M]. 北京：北京出版社，2020.

[05] 约翰·马敬能，卡伦·菲利普斯，何芬奇. 中国鸟类野外手册[M]. 长沙：湖南教育出版社，2000.

[06] 赵正阶. 中国鸟类志（上卷）：非雀形目[M]. 长春：吉林科学技术出版社，2001.

[07] 赵正阶. 中国鸟类志（下卷）：雀形目[M]. 长春：吉林科学技术出版社，2001.

[08] 曲利明. 中国鸟类图鉴（便携版）[M]. 福州：海峡书局，2014.

[09] 朱建国. 中国西南野生动物图谱·鸟类卷（上）[M]. 北京：北京出版社，2020.

[10] 马晓锋. 中国西南野生动物图谱·鸟类卷（下）[M]. 北京：北京出版社，2021.

[11] 费梁，胡淑琴，叶昌媛，等. 中国动物志：两栖纲（中卷）无尾目[M]. 北京：科学出版社，2009.

[12] 李海军. 大凉疣螈遗传多样性和系统地理学研究[D]. 雅安：四川农业大学，2019.

[13] 刘洁，冉江洪，岳先涛，等. 基于红外相机监测四川黑竹沟国家级自然保护区的大中型兽类多样性及其变化[J]. 四川动物，2020，39（6）：687-693.

[14] 文雪，严勇，和梅香，等. 2种调查方法对四川黑竹沟国家级自然保护区3种雉类种群密度调查的比较[J]. 四川动物，2020，39（1）：68-74.

[15] Cai B，Liu F J，Liang D，et al. A new species of *Diploderma* (Squamata，Agamidae) from the valley of Dadu River in Sichuan province，with a redescription of topotypes of *D. splendidum* from Hubei Province，China[J]. Animals，2024，14：1344.

[16] 龚宇舟，王刚，黄蜂，等. 大凉螈繁殖生态[J]. 生态学报, 2019，39（9）：3144-3152.

[17] 曹成全. 四川峨边发现规模罕见的穹宇萤野外种群[J]. 四川动物，2023，42（3）：288-289.

[18] 中国科技出版传媒股份有限公司.中国生物志库[DB/OL]. [2024-8-23]. https://species.sciencereading.cn.

[19] 中国科学院动物研究所生物多样性信息学研究组.中国动物主题数据库[DB/OL]. [2024-8-23]. http://zoology.especies.cn.

[20] 中国科学院植物研究所.植物智[DB/OL]. [2024-8-23]. http://www.iplant.cn.

中文名索引